全国青少年校外教育活动指导教程丛书

中国教育学会少年儿童校外教育分会秘书处 组编

丛书顾问/高 洪
丛书主编/高彦明

◎青少年科技教育◎

好玩的科技创新实验

（下）

侯利伟 赵 溪 周又红 /编著

云南大学出版社

图书在版编目（CIP）数据

好玩的科技创新实验.下 / 侯利伟，赵溪，周又红编著. --昆明 ： 云南大学
出版社，2011

（全国青少年校外教育活动指导教程丛书 / 高彦明主编. 青少年科技教育）
ISBN 978-7-5482-0402-2

Ⅰ．①好… Ⅱ．①侯… ②赵… ③周… Ⅲ.①科学实验－青年读物②科学实
验－少年读物 Ⅳ．①N33-49

中国版本图书馆CIP数据核字(2011)第049869号

全国青少年校外教育活动指导教程丛书·青少年科技教育
好玩的科技创新实验（下）

丛书顾问：高　洪
丛书主编：高彦明
编　　著：侯利伟　赵　溪　周又红
责任编辑：于　学　毛　雪
封面设计：马小宁
插图设计：王　喆　刘浩然
出版发行：云南大学出版社
印　　装：云南南方印业有限责任公司
开　　本：787mm×1092mm　1/16
印　　张：6.75
字　　数：85千
版　　次：2012年12月第1版
印　　次：2012年12月第1次印刷
书　　号：ISBN 978-7-5482-0402-2
定　　价：19.80元
地　　址：云南省昆明市翠湖北路2号云南大学英华园内
邮　　编：650091
电　　话：0871-5031071　5033244
网　　址：http：//www.ynup.com
E - mail：market@ynup.com

作者介绍

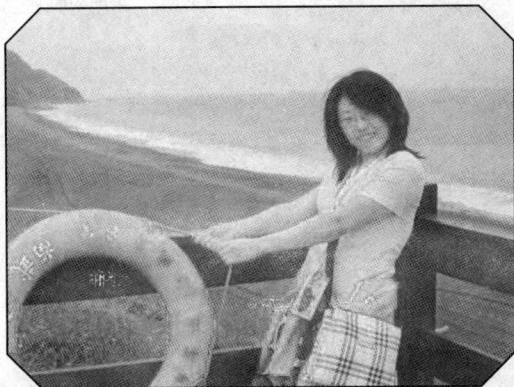

侯利伟 北京市西城区青少年科学技术馆环保化学培训部部长，环境科学专业硕士研究生。承担水教育、清洁空气挑战、绿色化学、食品与健康等课程，开设有"小学科学启蒙—实验—探究班"，"初中化学实验探究班"和"高中后备人才班"，通过培训活动启发学生科学思维，提高动手能力，锻炼语言表达能力。注重学生创新能力的培养，辅导学生参加科技竞赛，多次获得国家、北京市奖项；策划组织青少年冬夏令营活动、科技教师培训、全国科普日宣传活动、"感恩南水北调"、"落叶堆肥"、"绿化你的旅程"节能减排、爱护生物多样性等主题公益活动，发展了千余名环保志愿者。

侯利伟老师多次获得"优秀科技辅导员"称号，承担多项国家、市级、区级教育科研课题；参编《江西高中研究性学习》、《水教育》、《能源活动手册》、《食品与健康活动手册》、《中日韩环境教育创新方法指南》、《环境教育渗透教育教案集》等科技教育书籍。

赵 溪 毕业于首都师范大学化学系，西城区青少年科学技术馆环保化学培训部教师。在职期间，先后参与了《环境教育渗透教育教案集》、《新能源与可再生能源读本》、《水教育漫画剧本故事集》等书籍的编写工作，积累了一定教材编写方面的经验。通过向专家学习和自己平时教学中的总结，他将平时授课的内容统一、提炼、创新和修改，并将这些以本书的内容予以体现。

周又红 特级教师，北京市西城区青少年科学技术馆教科研主任。从事科技及环境教育一线工作近30年，担任"中国科协青少年部专家委员会委员"、"中国科学院老专家演讲团成员"、"绿色北京、绿色宣传演讲团"专家等职务。她深入社区、学校和机关开办科技及环境教育讲座，演讲近千场，听众数万；她钻研教育理论，主编和撰写了600万字专著和教材；她设计的教具发明多次获全国金、银奖；她积极引导青少年的创新实践，培养了一批科学探究的爱好者；她辅导学生科研项目300多项获科技创新奖，其中获国际奖4项、全国奖50多项、北京市奖300多项。周又红老师对科普事业的不懈努力和成就，使她获得全国先进科普工作者、全国地球奖、全国少年儿童优秀理论工作者、西城区十佳女教师、西城区教育创新技术能手称号和英才奖、全国"十佳"优秀科技教师、北京市特级教师等荣誉称号。2009年以她作为领队的北京代表队获得全国公众科学素质电视大赛总冠军，同年荣获"首都十大教育新闻人物"的称号。

丛书前言

面向广大青少年开展多种形式的校外教育是我国教育事业的重要组成部分，是与学校教育相互联系、相互补充、促进少年儿童全面发展的实践课堂，是服务、凝聚、教育广大少年儿童的活动平台，是加强未成年人思想道德建设、推进素质教育、建设社会主义精神文明的重要阵地，在教育和引导少年儿童树立理想信念、锤炼道德品质、养成良好行为习惯、提高科学素质、发展兴趣爱好、增强创新精神和实践能力等方面具有重要作用。因此，适应新形势新任务的要求，切实加强和改进校外教育工作，提高校外教育水平，是一项关系到造福亿万少年儿童、教育培养下一代的重要任务，是社会赋予校外教育工作者的历史责任。我们要从落实科学发展观，构建社会主义和谐社会，促进广大少年儿童健康成长和全面发展，确保党和国家事业后继有人、兴旺发达的高度，充分认识这项工作的重要性；要从学科建设的高度进一步明确校外教育目的，规范教育内容，科学管理手段，使校外教育活动更加生动，更加实际，更加贴近少年儿童。

为了深入贯彻落实《中共中央国务院关于进一步加强和改进未成年人思想道德建设的若干意见》（中发〔2004〕8号）和中共中央办公厅国务院办公厅《关于进一步加强和改进未成年人校外活动场所建设和管理工作的意见》（中办发〔2006〕4号）精神，深化少年儿童校外教育活动课程研究，总结我国校外教育宝贵经验，交流展示校外教育科研成果，为广大校外教育机构和学校课外教育活动提供一套具有现代教育理念、目标明确、体系完整、有实用教辅功能的工作参考资料，促进我国校外教育进一步科学化和规范化，中国教育学会少年儿童校外教育分会秘书处根据近年来我国校外教育发展状况和实际需求，以开展少年儿童校外课外活动名师指导系列丛书研究工作为基础，编辑出版了"全国青少年校外教育活动指导教程丛书"。

丛书在指导思想、具体内容和体例上，都坚持一个基本原则，就是按照实施素质教育的总体要求，立足我国校外教育实际，以满足校外教育需求为目的，坚持学校教育与校外教育相结合，坚持继承与创新相结合，坚持理论与实践相结合。要从少年儿童的情感、态度、价值观，以及观察事物、了解事物、分析事物的能力等方面入手，研究少年儿童校外教育活动课程设置，运用最先进的教育理念和最具代表性的经验进行研究、实践和创新。

我们对丛书的内容进行了认真规划。丛书以少年宫、青少年宫、青少年活动中心等校外教育机构教师、社区少年儿童教育工作者、学校课外教育活动指导教师，以及3～16周岁少年儿童为主要读者对象。丛书是全国校外教育名师实践经验的结晶，是少年儿童校外教育活动课程建设的科研成果。从论证校外教育活动课程设置的科学性入手，具体介绍行之有效的教学方法，并给教师留有一定的指导空间，以发挥他们的主观能动性，有利于提高教学效果。丛书采用讲练结合的方式，注重少年儿童学习兴趣的培养和内在潜能的开发，表现方式上注意突出重点，注重童趣，图文并茂，既有文化内涵，又有可读性，让少年儿童在快乐中学习。丛书的基本架构主要包括：教育理念、教育内容、教材教法、活动案例、专家点评等内容，强调体现以下特点：表现（教学内容、教学案例、教学步骤和教学演示）、知识（相关的文化知识）、鉴赏（经典作品赏析、获奖作品展示和点评）、探索（创新能力训练、基本技能技巧练习）。在各种专业知识、技能、技巧培训的教学过程中，注意培养少年儿童的以下素质：对所学领域和接触的事物应采取正确的态度，在学习过程中掌握一定程度的知识和技能，在学习过程中掌握科学的方法，提高自身能力，在学习过程中养成良好的行为习惯。丛书力争在五方面有所突破：一是课程观念。由单一的课程功能向多元的课程功能转化，使课程更具综合性、开放性、均衡性和适应性。二是课程内容。精选少年儿童终身学习必备的基础知识和技能技巧，关注课程内容与少年儿童生活经验、与现代科技发展的联系，引导他们关注、表达和反映现实生活。三是强调人文精神。在教学过程中，不仅注重技能技巧，还要强调价值取向，即理想、愿望、情感、意志、道德、尊严、个性、教养、生存状态、智慧、自由等。四是完善学习方法。将单一的、灌输式的、被动的学习方法转化为自主探索、合作交流、操作实践等多元化的学习方式。五是课程资源。广泛开发和利用有助于实现课程目标的课内、课外、城市、农村的各种因素。所以，丛书不是校外教育的统一教材，而是当代中国校外教育经验展示和交流的载体，是开展培训工作的辅导资料，是可与区域教材同时并用、相辅相成、相得益彰的学习用书。

　　为了顺利完成丛书的编辑出版任务，分会秘书处和各分册编辑成员做了大量的工作。我们以不同方式在全国校外教育机构和中小学校以及社会单位中进行调查研究工作，开展了"少年儿童校外教育活动课程研究"专题研讨、"全国校外教育名师评选"、"全国校外教育优秀论文和活动案例评选"等一系列专题活动，为丛书打下了坚实的群众基础；我们有计划地组织全国有较大影响的校外教育机构和学校，按照统一标准推荐在校外教育活动课程研究方面有一定建树的研究人员、一线教师参与设计和编著，增强了丛书的针对性；我们面向国内一流大学和重要科研单位，特邀知名教育专家对各个工作环节进行指导和把关，强化了丛书的权威性。该书的编辑出版得到了教育部基础教育一司、共青团中央少年部、全国妇联儿童工作部有关负责同志的肯定，得到了分会主管部门和中国教育学会、全国青少年校外教育工作联席会议办公室等有关单位的重视和支持，同时得到了各省（直辖市、自治区）校外教育机构的大力配合。

　　丛书是在国家高度重视未成年人思想道德建设的形势下应运而生的，是校外教育贯彻落实《国家中长期教育改革和发展规划纲要》的具体措施，更是校外教育工作者为加强未成年人教育工作做的又一件实事。我们相信，它将伴随着我国校外教育进程和发展，在服务少年儿童健康成长的过程中发挥应有的作用。

中国教育学会少年儿童
校外教育分会秘书处
2011年9月

本书导言

在科学技术飞速发展、科学普及深入人心的今天，人们对科学的理解也在发生着变化。科学已从遥远、高深的神秘学问，变成实用、神奇、看得见的知识，再到发现科学是有趣、难忘、很好玩的常识。这期间的变化令人欣喜、振奋，也让从事校外科技教育工作的我们感到肩上的担子很沉重。不会忘记的东西才是教育的有效价值，一个童年时代体验丰富的孩子，今后成长也会更快乐。儿童时期参加科技活动，尤其是在校外参加科技活动的孩子可以没有羁绊、没有限制、没有框架，通过所谓的"玩"认识科学的神奇、有趣；在"做"中领略科学的快乐、美好，获得更多的发展空间。

但是校外科技教师也会感到一些困惑：

——学生在校内已经比较系统地学习了国家教育大纲规定的科技课程，校外科技教师如何开发出不同于校内的有创意的课程；

——科学家较少为孩子们设计科学试验，已经出版的大量科普读物能让孩子们动手实践的不多，适应校外科技教育的资料更欠缺；

——孩子们通常都是"听"科学、"看"科学，校外科技教师如何给孩子们创造"玩"科学的机会；

——怎样让孩子们既对科学产生兴趣，还能在活动中了解科学研究的方法、过程，在"玩"之后有创意的开展相应的科学探究。

本书并不能完全解决以上的困惑，但希望能够为大家提供参考。西城区青少年科学技术馆推荐我们几位一线教师，把应用多年的40多项教学案例编辑整理，与大家分享。必须提到的是，本书在编写过程中还得到了科技教育名师刘克敏的大力支持，刘浩然和王喆两位年轻老师也参与了很多工作，在此一并表示感谢。

全书分上、下两册，选题内容包括环境、化学、食品、健康等方面。这些选题大部分来源于西城区青少年科学技术馆环保化学培训部学员曾经研究过的成果，其中有些还获得区、市、国家级科技创新竞赛的奖项。编者将这些创新的试验改成试验课题，并在环保化学培训部的校外科学实践中不断改进、不断拓展，力求更贴近孩子们的实际。例如：口香糖、中草药色素、果蔬清洗机等选题都是孩子们认为特别"好玩的"。相信孩子、家长和校外教师们会非常喜欢这些创新的试验，同时也可以对校内科技教育有辅助作用。

本书各课分以下几个环节开展：

你知道吗——指出课题产生的原因、案例和背景。

你怎样做——介绍试验的仪器、药品和方法设计。

你要记录——帮助孩子用科学方法记录自己的试验结果。

你会了解——引导孩子分析试验现象，理解试验中的科学原理。

你回家后——激励孩子们在日常生活中应用和拓展已掌握的知识。

资　料　卡——提供孩子们试验中可能需要的相关信息。

编者

2011年9月于北京

好玩的科技创新实验

目录 CONTENTS

一、寻找绿色洗涤灵　　　　　1

二、有色头发比弹性　　　　　6

三、追击分叉头发的元凶　　　10

四、给盐碱土壤找病因　　　　14

五、做盐碱土壤医疗师　　　　17

六、污水检查员　　　　　　　21

七、吸油羽毛　　　　　　　　26

八、香烟不香　　　　　　　　30

九、"小淘气包儿"臭氧　　　34

十、"双刃剑"过氧乙酸　　　39

十一、洗发水家庭小作坊　　　43

十二、有机玻璃打不碎　　　　48

十三、黑白照片披新装　　　　52

十四、神奇冻胶　　　　　　　56

十五、怪味尿素　　　　　　　59

十六、解密牙膏　　　　　　　63

十七、软牛奶变硬塑料　　　　67

十八、泡沫塑料亲手做　　　　70

十九、有毒塑料现原形　　　　73

二十、果蔬保鲜术　　　　　　77

二十一、菠菜遇豆腐　　　　　84

二十二、相克固体食物对对碰　90

二十三、相克液体食物连连看　94

一、寻找绿色洗涤灵

在生活中，人们在餐厅、饭馆、家庭厨房里洗碗时都喜欢使用洗涤灵，因为洗涤灵可以非常方便地去油污，符合我们快节奏的生活。可洗涤灵对水中微生物有一定的影响。有没有比洗涤灵更好、更方便、又无污染的洗涤剂？本次活动我们希望找到一种能够去除油污的绿色洗涤灵，减少洗涤灵对水中微生物的影响。

我们会提供

仪器：托盘天平、显微镜。

用品：砝码、镊子、药匙、烧杯（7只）、胶头滴管。

你需要准备

各种农作物粉（例如：江米面、玉米面、小麦面、大麦面等）、洗涤灵。

动手做起来

1. 利用农作物粉去油污的实验

①称量4只烧杯（烘干的）的重量并记录。分别在4只烧杯里各滴入1克植物油。

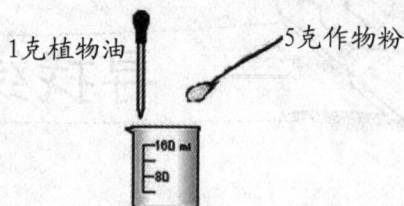

1克植物油

5克作物粉

160 ml
8D

②分别称量4种作物粉各5克。

③将4种作物粉分别放入4只烧杯中。

④静置一段时间，让作物粉充分吸附烧杯里的油脂。

⑤分别将4只烧杯中没有被吸附的作物粉倒出。

⑥称量烧杯中的油脂吸附作物粉后的重量，将实验结果填入表中。

2. 观察作物粉微观结构的实验

用显微镜观察玉米面和江米面颗粒在吸油前和吸油后有什么不同？

你要记录

1. 请把你得到的数据填在下面的表格中：

烧杯编号	1	2	3	4
烧杯质量（克）				
吸附油脂后烧杯质量（克）				
作物粉	江米	小麦	大麦	玉米
吸附作物粉后烧杯总质量（克）				
被油脂吸附的农作物粉的质量（克）				
作物粉吸油率（%）				
结论（分析吸油性最好的和吸油性最差农作物粉）				

2.将各种农作物粉对油脂吸附情况用柱状图来表示：

作物粉吸
油率（%）

农作物名称

你会了解

不同的农作物粉都对油脂有吸附作用，吸附能力由高到低分别为：

_____ > _____ > _____ > _____

吸收油脂后的江米面（玉米面）和未吸收油脂的江米面（玉米面）相比：_____。

1. 关于洗涤灵的调查

①调查在超市或商店1小时洗涤灵的销售量。

②调查自己所在的班级同学家庭常用的洗涤灵价格、品牌、用量，将结果填入表内。

你回家后

编号	洗涤剂品牌	价格（元）	家庭年用量（瓶）
1			
2			
3			

2. 尝试利用各种农作物汤去油

①分别将冷面条汤、饺子汤、元宵汤等倒入有油污的碗中，将碗刷洗干净后观察油污清洗的情况。

②分别将热面条汤、饺子汤、元宵汤等倒入有油的碗中，将碗刷洗干净后观察油污清洗的情况。

③将试验结果填入表中。

试验编号	农作物汤的名称	冷汤去油效果	热汤去油效果
1	面条汤		
2	饺子汤		
3	元宵汤		
结论			

3. 尝试利用农作物粉去油污

①取一只油污较多的菜碗，将少量农作物粉均匀地涂抹在碗内。

②用水将碗冲3～4遍，仔细观察碗是不是变得很干净？

1. 我们做饭时的面条汤、饺子汤、元宵汤等都是可以利用的，它们去油效果非常好。在没有洗涤灵的年代，人们就是靠它们来去油，特别是加热后的汤去油效果更好。

2. 某同学通过试验，发现几种农作物的吸油性顺序如下：

江米面 ＞大麦面＞小麦面 ＞玉米面

你做出来的是这样的吗？

3. 在显微镜下发现，江米面粉质细，粒径特别小，这样可以增加其表面积，再加上它本身每个粉粒表面粗糙，可以吸油。相反，玉米面摸着和食用都感到粗糙（也有细粉，我们没做）粒径相对较大，因此吸附油脂的能力明显低于江米面。

4. 作物粉代替洗涤灵更环保。

从表面看洗涤灵的价格并不是很贵，但从环保的意义上看就大不同了。作物粉是可再生、无污染的资源。洗涤灵是化工品，对环境有危害，如果算个环境账，用农作物粉会更实惠。

另外，我们也不必非用新买的作物粉，可以利用煮熟的米汤、面汤等去油污，这是自古以来人们常用的方法，我们可以向前辈们学习，在以后的生活中多用用这些土办法。

资料卡

二、有色头发比弹性

爱美之心人皆有之。随着人们的生活水平不断提高，追求美更已然成为一种时尚。为了美，很多中老年人将白发染成黑发，让自己变得年轻些。年轻人则愿意将黑发染成彩发，显得活泼有朝气。甚至连一些未成年的中学生为了漂亮、为了更能体现自我个性，也积极效仿。然而，在人们尽情追求美的同时，有没有想过染发是否会对头发的健康、身体的健康带来影响呢？让我们一起来研究这个问题吧。本次活动希望同学们能够掌握统计方法在科学研究中的作用。

我们会提供

药品：染发剂。
仪器：千分尺、弹簧拉力秤。
用品：条形纸、直尺、圆形笔等。

你需要准备

各种头发样品。

动手做起来

1. 制作实验用具

在条形纸上绘制一段直尺，刻度要精确。将其卷在一支较粗的圆形笔杆上，固定好，注意保留零刻度。用于测量头发长度。

2. 简易判断头发弹性

用手轻轻拉住头发两头（确保发丝受力均匀）。看需要多大力气能够拉断头发。

3. 染发前后头发弹性对比实验

取同一样本号染过和未染过的发样各数根，经千分尺测量后，挑选出直径相近的发样进行实验。实验时，将每根头发的一端缠绕在标有准确厘米刻度的圆笔杆上，用胶条固定，并使发端与0厘米刻度对齐；发丝末端用结实的铁夹子夹住，且夹子的位置保持固定（0刻度与铁夹之间的头发长度均为15厘米）；缓慢转动圆笔杆，由于头发有弹性发丝被逐渐拉长，当头发弹性达到极限时被拉断，即时读取笔杆上显示的厘米数值，记录。

4. 进行模拟染发

将采集回的每份发样分成两部分，模仿美发厅的染发过程将其中的一半进行染色，另外一半不染色，待用。

5. 染发前后头发韧性对比实验

取同一样本号染过和未染过的头发发样各数根，经千分尺测量之后，分别选取直径相近的发样进行实验。将弹簧秤上端固定，使其保持垂直。将每根头发的一端固定在弹簧秤挂钩上，另一端用戴有指套或干燥的手指缠住（弹簧秤挂钩至手指之间的头发长度均为15厘米），并缓慢用力向下拉，直至头发被拉断，即时读取弹簧秤显示数值。

注意事项

科学采集发样：想了解染发对发质的影响，采集头发样品进行对比是必不可少的。需要考虑采集的发样数量、采集人群、样品特征信息收集等工作。

你要记录

进行实验时，实验次数越多越有说服力（每份发样至少应进行10次重复实验）。实验结束后，可对各组数据分别从不同角度进行分析，看看都能获得哪些结论。

1. 头发弹性实验结果（记录头发拉断瞬间的头发长度，单位：厘米）

实验次数　　发样	发样1		发样2		发样3	
	染前	染后	染前	染后	染前	染后
1						
2						
3						
……						

2. 头发韧性实验结果（记录头发拉断瞬间弹簧秤数值，单位：牛顿）

实验次数　　发样	发样1		发样2		发样3	
	染前	染后	染前	染后	染前	染后
1						
2						
3						
4						
5						
……						

你会了解

感官上观察染发前后头发有_____异同。

用手拉扯染发前后头发的弹性有_____异同。

统计实验后，你知道染发前后头发的弹性和韧性有_____区别。

1. 查找资料继续了解染发与健康方面的知识。

①衡量发质健康的标准是什么？

②染发剂中都含有哪些成分？这些成分可能会对发质和健康造成什么影响？

③国家评定染发剂的合格标准是什么？

你回家后

2. 走访美发厅向美发师了解、学习染发的大致过程，以及染发后会对发质有何影响，应如何护理染色后的头发等问题，进行记录。

染发剂的种类：染发剂主要分为合成染色剂、无机染色剂和植物类染色剂等几种。合成染色剂有一定的毒性；无机染色剂中含铅、镍、铋等多种重金属元素，其中有相当一部分有致癌作用；植物染色剂，是采用天然植物原料制成的染发剂，对人体对环境均无危害，但目前推向市场的并不多，且价格昂贵，因此生活中使用的绝大多数是前两种染发剂。

资料卡

三、追击分叉头发的元凶

头发黑不黑，与头发内黑色素的含量有关。一般人的头发，其乌黑程度由发根向发尾递减，这是因为头发受到氧化伤害，黑色素被破坏所致。你是否发现长期在游泳俱乐部进行游泳训练，会使原本黑黑的头发变得发红或发黄，失去了本来的颜色，即使戴上泳帽也起不到保护头发的作用。

游泳池为了清洁和消毒加入漂白粉，头发会受到漂白粉溶液的作用吗？头发会产生什么样的变化？我们常用的洗发液和护发素能不能起到保护头发不被漂白粉伤害的作用？下面我们就通过小实验找一找使头发分叉的"罪魁祸首"。

我们会提供

药品：84消毒液。

仪器：XS—18型显微镜。

用品：试剂瓶、烧杯、试管、水质测定管、注射器。

你怎样做？

你需要准备

自来水、矿泉水和头发样本。

动手做起来

1. 用XS-18型显微镜观察头发样品。

2. 先准备好盛有自来水、矿泉水和84消毒液的试剂瓶。取不经常游泳者的长2厘米的头发若干根分别放置在这3种试剂瓶中，15天后观察其变化。

3. 把不经常游泳者的长2厘米的头发若干根分别放入3个配制好的不同浓度的漂白粉溶液的试管中，放置15天进行观察。

你要记录

1. 显微镜观察头发的记录

样本编号	样品来源	毛表皮	毛皮质	毛髓质
1				
2				
3				
4				
5				

2. 把你观察到的现象记录下来：＿＿＿＿＿＿

＿＿＿＿＿＿＿＿＿＿＿＿＿＿＿＿＿＿＿。

3. 不同溶液对头发的影响

	自来水	矿泉水	84消毒液
浸泡15天后的现象			

4. 不同浓度漂白液对浸泡不同液体15天的头发的影响

	低浓度	中浓度	高浓度
第一天			
第二天			
第三天			
……			

你会了解

人体的皮肤及毛发pH值约在4左右，头发是一种角质化的蛋白质，也有一定的酸碱度，正常情况下呈微酸性，其pH值约为4。而我们平时使用的香波和护发素就是根据头发的pH值采用不同的pH配方，以维持头发的酸碱平衡。香波的pH值为5左右，护发素的pH值则为3左右。

由于香波的pH值大于头发正常的pH值，头发的pH值升高，表皮鳞片就会张开，这样，藏在鳞片内部的污垢得以彻底清洁。由于头发pH值升高鳞片呈打开的状态，所以会感到头发有涩涩的感觉。而此时，头发也最脆弱，最容易受损伤。因此需要使用护发素，使头发升高的pH值恢复平衡，这样头发的表皮鳞片就会闭合起来，令秀发光滑易梳，健康柔顺。

漂白溶液会对头发造成以下损伤：_____

_____

_____

1. 访问体校游泳队的学生、游泳队俱乐部的学生和普通的学生，调查了解学生头发的情况。

2. 向专家咨询，把你的咨询结果记录下来。

你回家后

资料卡

1. 头发主要由两部分组成：发干和发根组织。一般我们称为头发的部分是发干，它生长在头皮层之上，而在头皮层下的就是支持头发生长的发根组织了。头皮层之下有一个神奇的系统，而系统内的每种物质都各司其职、担当重任。这个系统的基本功能就是制造每一根头发，头皮层下的每一层都不断吸取养分和氧气来支持头发的生长，这对于发干的健康生长可以说是非常重要的。

头皮发囊中的软囊角质变化为硬蛋白质，因此头发被推出皮肤外，成为肉眼可见的头发。人体95％的皮肤表面都有毛发；一个人平均有10万根头发；头发的生长速度每月约为1厘米。

2. 各种头发的显微图像：

程度	未受损伤	轻微损伤	中度损伤	严重损伤
特点	具平滑的毛小皮鳞片，头发柔顺、亮泽，易于梳理。	毛小皮鳞片拱起或被损坏，头发开始失光泽，手感粗糙，不易打理。	损失部分毛小皮鳞片。皮层暴露，头发变得粗糙呆板。	鳞片的进一步损失使皮层变弱以致干枯，导致头发开叉。
图像				

四、给盐碱土壤找病因

土壤是指陆地表面具有肥力并能生长植物的疏松表层，它是由地壳表面岩石风化形成的。每形成1厘米厚的土壤需要300～500年，所以土壤属于难以再生的资源。如同空气、水对人类的作用一样，没有土壤就没有人类，土壤是人类赖以生存的基础。但多年来由于人类活动的影响，环境污染增多，土地出现荒漠化和盐碱化的现象，这导致了可耕地的面积不断减少。

本本活动是通过对不同地区土壤中盐分的简易测定，掌握一种对照试验方法，提高同学们进行科学研究的能力。

我们会提供

药品：5%铬酸钾溶液、1%硝酸银溶液。
仪器：托盘天平。
用品：量筒、玻璃棒、烧杯、漏斗、滤纸、胶头滴管、铁铲、铁勺、塑料袋等。

你怎样做?

你需要准备

从自己生活周围不同地方采集土壤样品各100克，风干。

动手做起来

测定土壤样品中可溶性盐（NaCl）的实验

①称量风干后的土壤样品5克，放入烧杯，加入25毫升蒸馏水用玻璃棒搅拌，让土样中的可溶盐充分溶解，进行过滤。

②在滤液中加入1滴铬酸钾（K_2CrO_4）溶液做指示剂。

③用胶头滴管吸取硝酸银（$AgNO3$）溶液，逐滴滴加到澄清的土壤过滤液中。滴加硝酸银溶液时要不断用玻璃棒搅拌。

AgNO$_3$溶液

③用胶头滴管吸取硝酸银（$AgNO3$）溶液，逐滴滴加到澄清的土壤过滤液中。滴加硝酸银溶液时要不断用玻璃棒搅拌。

④记录烧杯中出现红色时消耗的$AgNO_3$溶液的滴数。

⑤重复上面步骤，进行3次重复试验，记录每次实验的数据。

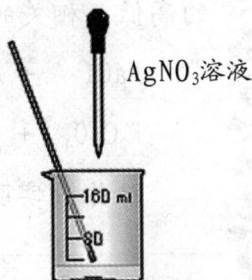

你要记录

编号	土壤来源	土壤特征	消耗的AgNO$_3$溶液的滴数（滴）			
			第一次	第二次	第三次	平均
1						
2						
3						
4						
……						

你会了解

测定原理：以1滴K_2CrO_4做指示剂，将$AgNO_3$溶液加到澄清的土壤浸出液中，记录出现红色时消耗的$AgNO_3$溶液的滴数。根据消耗$AgNO_3$溶液的滴数多少判断土壤含盐量的高低。相关的化学反应如下：

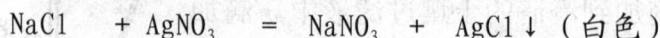

$$NaCl + AgNO_3 = NaNO_3 + AgCl\downarrow （白色）$$

$$K_2CrO_4 + 2AgNO_3 = 2KNO_3 + Ag_2CrO_4\downarrow （红色）$$

从你的实验结果中得出的结论是_____

_____。

1. 开展一次土壤问题的调查与测定，土样的采集数量要多于10个。

2. 利用自己外出的机会，为班里收集不同颜色、不同土壤样品，建立一个土样标本箱。

你回家后

资料卡

1. 土壤盐碱化：是指在土壤的可溶性盐溶液中，含有氯化钠、氯化钾、氯化镁、氯化钙、硫酸钠、硫酸钾等中性的盐类或碳酸钠、碳酸钾等碱性盐，称为土壤盐碱化。盐碱土不利于植物生长，原因是盐使植物不但无法吸收水分，而且还使植物细胞中的水分渗出到土壤中，影响了植物的正常生长发育，导致减产或颗粒无收。

2. 我国盐碱土的形成原因：一是蒸发量远远大于降水量，导致地下含盐地下水上升，水分蒸发完后，盐便会停留在土壤表面，随时间推移含盐量大大增加，形成盐碱土。二是海滨土壤，由于靠近海水，土壤受到海水的侵蚀，土壤逐渐盐碱化。

五、做盐碱土壤医疗师

地球上的土壤是由地球表面的岩石经过千百万年不断风化、演变而来。在上次"给盐碱土壤找病因"的活动中我们就了解到有很多土壤其实是碱性的，只有一些耐碱的植物能够勉强生长，而大多数植物的生长会受到限制，大片的碱性土地将不能够得到利用。那么如何对待我们拥有、但又不能使用的碱性土壤？本次活动我们就来尝试如何用石膏改良土壤，争取能给盐碱化的土壤做治疗，使其适合作物的生长。

我们会提供

药品：醋酸铵、冰醋酸、草酸铵（或草酸钠）、石膏。

仪器：托盘天平。

用品：铁架台、铁圈、漏斗、烧杯、量筒、试管、试管夹、玻璃棒、酒精灯、滤纸等。

你怎样做？

你需要准备

泥土样品若干。

动手做起来

1. 放好铁架台及过滤装置，漏斗内放一张叠好的滤纸，纸边要比漏斗边稍低些。

2. 在这个漏斗里，放入松散的泥土约20克；中间的泥土要稍低于四周，四周的泥土要比滤纸边低5毫米左右。

3. 漏斗下面放一只小烧杯。

4. 将30毫升醋酸铵溶液慢慢沿玻璃棒倒在泥土中央（勿使溶液高出四周的泥土）进行过滤。

醋酸铵溶液

泥土

5. 大约经过10分钟过滤完，取滤液待用。

6. 取2毫升滤液倒入试管中，加入冰醋酸数滴，使它呈酸性。

7. 把溶液加热至沸腾，在沸腾时，加3～4滴草酸铵（或草酸钠）的饱和溶液，记录试管中的变化。

8. 另取同一样品号的泥土20克，掺入30%的石膏，按照上面的步骤进行相同的实验，对比掺入石膏前后两者的区别。

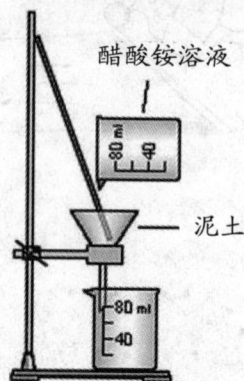

你要记录

	掺入石膏前	掺入石膏后
实验现象		

你会了解

试验原理：土壤中有钙离子存在，这些钙离子被醋酸铵溶液洗了下来。为什么醋酸铵溶液能把泥土中的钙离子洗下来呢？这种钙离子原本是吸附在土壤胶体颗粒表面的，当醋酸铵溶液滤过土壤时，溶液中数量众多的铵离子便把它所经过的土壤胶粒上吸附着的钙离子挤了下来，形成了离子交换，当钙离子遇到草酸根离子后，结合成草酸钙白色沉淀。

关于土壤的改良问题是一个复杂问题。石膏只能用来改良钠离子过多的碱土，而不能改良其他土壤。例如酸性红壤就必须用石灰来改良。

即使是碱土，用石膏改良也只是其中的一种方法，而绝不是唯一的办法。由于各种土壤的成因不同，情况条件不同，种植的农作物对土壤的要求也不同，因此必须根据当地情况，向有经验的农民学习，根据各方面的具体条件和要求，选择一种或几种方法并用，来改良土质。

1. 调查自家附近的土壤酸碱性。

2. 除了用上述种种方法改良土壤之外，还必须注意选择种植适当的农作物，以达到改良土质、提高产量的目的。请大家搜集一些相关资料，整理分类，为班级设计一份关于土壤改良的简报。

你回家后

资料卡

1.土壤盐碱化危害：在碱土中，土壤颗粒吸附了过多的钠离子。而吸附了过多的钠离子后，粘土颗粒便会紧紧地挤在一起，使水分、空气都透不进去，就会造成土壤板结、变坏，作物也就不易生长。当土壤中吸附钠离子的含量超过5%时，土壤的物理性质就开始被破坏，植物的发育会受到抑制；超过20%，土壤的物理性质全部遭受破坏，肥力几乎全部损失，植物难以生长。

2.石膏改良土壤的原理：石膏含有大量的钙离子，如果在含钠离子高的土壤表面加入石膏，加入的大量钙离子便把钠离子交换下来。当土壤吸附的钠离子换成钙离子后，土壤就会去除了干燥时坚硬、潮湿时膨胀的不良性质，而变成为有团粒结构的、疏松的、能透水和通风的良好肥沃的土壤。

3.洗土：石膏的主要成分是硫酸钙，把石膏加入土壤后，其中的钙离子被换成了钠离子，生成了硫酸钠，所以在施用石膏以后，必须用水把硫酸钠洗掉。

六、污水检查员

由于当前水污染问题很多，我们特别希望能够了解自己周围的水，特别是饮用水的质量。通过制作一个水质检测器，我们可以学会一种水质检测方法，了解受污染的水和清洁的水在许多性质上的差别，提高识别水污染的能力。另外我们还可以通过制作来认识一些简单的电子元件，学会电子元件的连接，提高我们的动手能力。

我们会提供

药品：稀碱液、稀酸、食盐水、酒精等。

用品：电阻（100欧姆）1个、发光二极管（φ5）1个、三极管（9013或8050型）1个、导线（长10厘米）4根、硬纸板（不小于4厘米×8厘米）一块、电池盒1个、五号电池2节、电烙铁1把、石棉网1个、剪刀1把、针线、透明胶条、不干胶条、培养皿或小烧杯3～5个。

材料：蒸馏水。

你需要准备

采集的污水（河水、家庭污水、工厂废水等）。

动手做起来

1.制作水质检测器

①线路连接：将电阻、发光二极管、三极管、电池用导线按下面的电路图连接。

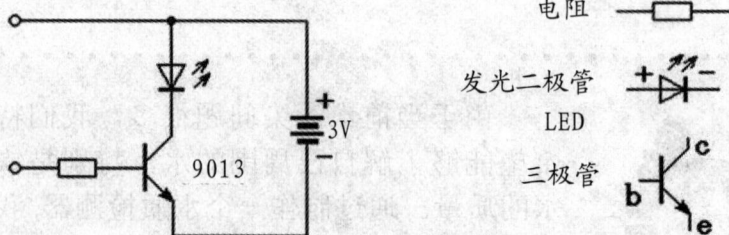

②把硬纸板剪好（可自己设计形状，边缘要光滑），把电池盒、发光二极管、三极管和电阻固定在硬纸板上（事先用针扎好眼，将元件插入固定）。

③用电烙铁把各元件按线路图焊接好。

发光二极管正极用导线与电池正极相连，负极用导线与c极（集电极）连接，三极管的e极（发射极）通过导线与电池负极连接，三极管的b极（基极）与电阻相连，电阻一端和二极管的正极分别焊接一根下半部裸露的导线，作为测试电极。测试电极应保持一定的距离，一般为3厘米。

注意：焊接时应垫一块石棉网，以免烫坏桌面。

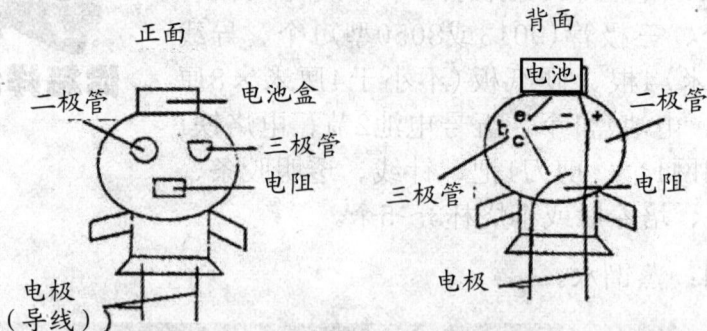

a.制作图例。

b.焊接完成后，检查是否牢固，然后把电池装入电池盒中。

2. 污水导电性比较

①实验一：将自制电导器放入事先准备好的污水中测试,观察发光二极管的亮度,并与蒸馏水情况比较。

②实验二：将自制的电导器分别放入蒸馏水和配制好的酸、碱、盐的溶液中,观察发光二极管的亮度。

你要记录

记录将自制电导器放入不同溶液中的现象：

	蒸馏水	污水	酸	碱	盐
现象					

注意事项

1. 确定水污染情况的指标有很多,而水的导电性只是检测水质的其中一个标准,所以不能仅依据这一检测数据给水质下定义。

2. 在实验中所使用的酸、碱溶液有腐蚀性,注意不要弄到衣服和皮肤上,用过的废液要倒在指定的地方,不要乱倒。

3. 取来的污水(尤其是河水或工厂的废液)里面含有一些有害成分或细菌,用过要及时倒掉。做完实验要及时洗手,不要将废液随便泼在地上。

4. 焊接时要注意安全,用完电烙铁一定放在烙铁架上,避免烫伤和烧坏其他物品。焊接完成以后要拔下插头,切断电源,以免发生危险。

5. 电极的裸露部分应浸入溶液中,一定先测蒸馏水,再测其他溶液。每测完一种溶液,一定要用蒸馏水将电极清洗干净,再测下一种溶液。

你会了解

掺有杂质的水和蒸馏水相比,导电性更_____中,掺有_____的溶液中的发光二极管的亮度最高。

1. 讨论自己制作的简易电导器是否成功,在测各种溶液时,现象是否明显?

2. 检验自己设计和动手能力,制作的电导器是否新颖、美观、方便实用;焊点是否光滑、牢固?

你回家后

3. 通过活动,学会了哪些检测水污染的方法?污染的水在导电性能上与纯净水（自来水、蒸馏水等）有什么区别?如果有两瓶外观没有区别的水,可否分辨出哪瓶是自来水,哪瓶是受过污染的水?

4. 水污染的来源很多,说出几种身边存在的水污染。谈谈对水污染的看法,提出防治水污染的措施。

1. 电路中各元件的作用。

①电池：提供电源。

②发光二极管：电流通过即发光，电流大，亮度大；电流小，亮度小。

③三极管：将电流信号放大。

④电阻：起限流作用，以防短路。

2. 实验原理：把测试电极放入被测溶液中，如溶液导电能力强，即溶液的电阻小，线路中流过的电流大，再经三极管将电流信号放大，发光二极管就发出明亮的光；如溶液导电能力弱，发光二极管发出的光就暗。可根据发光二极管的亮度，比较溶液导电性的强弱。

3. 溶液导电性的比较原理：溶液导电与金属导电不同，金属导电靠自由移动的电子的定向流动，而溶液导电靠其中带正负电荷的离子。纯水中正负离子极少，它基本不导电；而大部分酸、碱、盐溶在水中会提供很多离子，使溶液的导电性大大提高。

4. 做好的电导器要妥善保管，以备后面的活动使用。

七、吸油羽毛

近年来由于海上运输石油的油轮发生事故，海上经常发生石油泄露的污染，致使成千上万只以大海为生的海鸟身上沾满油污。只见它们无力地伸展自己厚重、肮脏的羽毛，怎么也不能飞起来，直至死亡，其状惨不忍睹，让我们感到十分痛心。是不是鸟类的羽毛对油污有吸附作用？其他飞禽或家禽的羽毛是不是也有这样的吸附作用？可不可以利用廉价的家禽毛吸附收集散落在海中或其他水域的油污？还有什么物质对油污有吸附作用？是否可以加以利用？

我们会提供

仪器：托盘天平、显微镜或放大镜。

用品：烧杯、量筒、玻璃棒、镊子、胶头滴管等。

你需要准备

你怎样做？

1. 收集各种家禽或鸟类（鸡、鸭、鹅、鸽子等）的羽毛，羽毛的样本包括正羽和绒羽两种。

2. 收集羊毛绒线、人造毛毛线、脱脂棉花、棉布、亚麻、麻布口袋、卫生纸等可能对油污有吸附作用的实验材料，用这些材料做对比实验。少许食用油代替石油。

动手做起来

1. 家禽或鸟类羽毛对油污的吸附实验

①在烧杯中注入10毫升食用油。

②将0.1克羽毛样品放入烧杯中，用玻璃棒搅拌，使其完全浸润。

③取出羽毛样品至不再有液体滴下为止。

④称量吸过油的羽毛样品的质量，为了保证实验的准确性，上述实验要平行做3次。

⑤将实验结果填入表格。

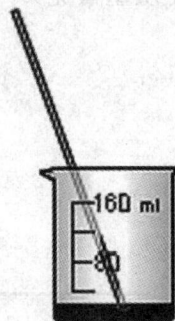

2. 家畜毛对油污的吸附实验

实验方法与"家禽或鸟类羽毛对油污的吸附实验"相同，家畜毛包括牛毛、羊毛、猪毛、兔毛等，将结果填入表格。

3. 其他纤维毛或人类头发对油污的吸附作用

实验方法与"家禽或鸟类羽毛对油污的吸附实验"相同，其他纤维包括人造羊毛、脱脂棉花、人发、棉布等。

你要记录

油污吸附实验

实验对象	样品名称	鸟羽毛	鸭羽毛	鸽子羽毛	鸡羽毛
	样品质量（克）				
原样品量	水的体积（毫升）		100		
	石油体积（毫升）		20		
第一次测试 吸附油污量	体积（毫升）				
	质量（克）				
第二次测试 吸附油污量	体积（毫升）				
	质量（克）				
第三次测试 吸附油污量	体积（毫升）				
	质量（克）				
平均吸油量	体积（毫升）				
	质量（克）				

吸附油污
质量（克）

实验样品名称

用显微镜或放大镜仔细观察各种纤维或羽毛的特点，将它们画下来。

你会了解

实验结果表明以上各种被测物品对油污都有一定的吸附能力。特别是其中的脱脂棉花、家禽羽毛和鸟类羽毛吸附的油量较多，这也就是为什么海鸟容易被石油油污害死的重要原因之一。

1.讨论、分析、总结本次实验研究的结果。

①同学们发现了什么？能不能回答我们在课前提出的问题？

②用事实说明你可以为海鸟做一点事，选择一种价格合适，容易获得的原料来清理海上石油污染。

你回家后

2.通过显微镜对此次实验样品的观察，分析各种纤维或羽毛有哪些特点？为什么它们可以吸附油污？

3.调查你所选择的原料在市场的拥有量和价格，分析自己行动的可行性。

资料卡

目前，各种各样油类对水体的污染日益加剧，而且污染容易清除难，高额的处理费用让很多人对海上油污清理、或城市下水管道清理望而却步。

与此同时，各大城市的菜市场每天都有大量的废弃家禽的羽毛，人们又为处理它们发愁。从经济的角度分析：由于鸡毛是废弃物，吸附的油量与脱脂棉花几乎相等，因此鸡毛是一种理想的吸附油污的材料。如果能将废弃的鸡毛经简单加工制成吸附油污的工具，用来处理油类造成的水体污染，不仅实用而且费用低廉。

为什么鸡的羽毛可以吸附油污？原来，鸡毛的羽片上有许多羽支，每个羽支再向两侧发出许多羽小支。一侧生有小钩的羽小支与另一侧有槽的羽小支相互勾连，其间留有细小的缝隙，这样就增大了鸡羽毛吸附油污的表面积。另外，经过科学家用高科技手段对鸡羽毛进行研究，发现在其羽毛管和羽支中都具有吸附性很强的角质纤维，其中羽支角质纤维的吸附能力更强。

八、香烟不香

中国现在有3.5亿烟民，但是吸烟会对人体造成伤害。今天，我们将通过试验验证香烟的烟雾中确实存在许多有害人体健康的成分，了解吸烟的危害，用科学的态度对待吸烟。不但自己不抽烟，还应劝阻周围的人不抽烟。因为吸二手烟人群和吸烟者所受到的伤害是一样的。

我们会提供

药品：乙醇(95%)、高锰酸钾溶液（以颜色浅粉为宜）、氯化汞溶液（1摩尔/升）、饱和碳酸钠溶液、饱和亚铁氰化钠溶液、柠檬酸钠。

用品：试管、胶塞、玻璃直管、乳胶管、洗耳球、试管架、火柴。

材料：过滤嘴香烟样品3支、动物鲜血。

动手做起来

1. 设计安装抽气装置

①将3个胶塞的中部打孔，孔径与玻璃直管外径相当。

②按下列装置图连接装置。

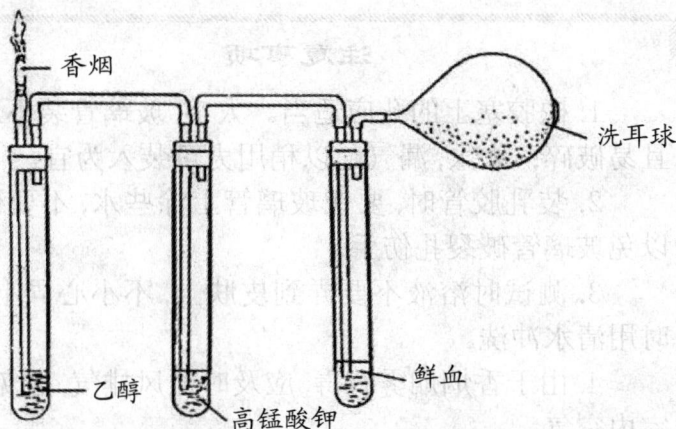

③第一支试管中加入3毫升95%乙醇，第二支试管中加入3毫升高锰酸钾溶液，第三支试管中加入配制好的动物鲜血3毫升，如图装置好，注意不要漏气。

注意：动物鲜血可为鸡血、鱼血、猪血等，但一定要新鲜，为防止凝固可加入少量柠檬酸钠，并加水稀释，加入水量以可观察到溶液颜色鲜红为宜。

④将一支点燃的过滤嘴香烟，通过乳胶管与第一支试管中的玻璃直管上部连接。

⑤将洗耳球气体挤出对准第三支试管的支管抽气。此时烟气依次通过第一、二、三支试管，观察各试管中溶液颜色的变化。

2. 尼古丁的检测

随着烟气不断通过（一般需3～5支烟），第一支试管中乙醇颜色先变为黄色并逐渐变为褐色，取出2～3毫升褐色乙醇溶液，滴加氯化汞溶液，有白色沉淀出现时，表明烟雾中含有尼古丁。同时证明过滤嘴并不能过滤掉尼古丁。

注：氯化汞为有毒物质，使用时应格外小心！

3. 联苯胺的检验

取上述乙醇溶液2～3毫升，置一小试管中，加入饱和碳酸钠溶液，然后滴加亚铁氰化钠饱和溶液，若溶液出现浑浊，证明溶液中有联苯胺。

注意事项

1. 橡胶塞上的孔应适当。太小, 玻璃管装不进去, 且易破碎; 太大, 漏气, 以稍用力可装入为宜。

2. 装乳胶管时, 要在玻璃管上涂些水, 不要硬装, 以免玻璃管破裂扎伤手。

3. 测试时溶液不要弄到皮肤上, 不小心弄上应及时用清水冲洗。

4. 由于香烟烟雾有毒, 应及时通风排气, 避免污染室内空气。

你要记录

当烟气通入实验装置, 乙醇溶液的颜色为_____; 高锰酸钾溶液的颜色为_____; 动物鲜血的颜色为_____。

你会了解

烟气中的尼古丁(有毒)、联苯胺(致癌物)可溶于乙醇, 使溶液变黄。

烟气中许多对人体有害的还原性物质可使高锰酸钾褪色。

烟气中的一氧化碳可使鲜血的颜色变暗。

我们通过本次实验可以证实香烟中存在上述有害物质。

资料卡

有99%以上的吸烟族掐灭的烟蒂没有达到健康科学吸烟的标准。有对城市吸烟族的调查显示：

有67%的人吸烟吸至钢印以上；

有13%的人吸到了过滤嘴处；

有25%的吸烟者吸烟的深度过深，吸食的频率过快，大部分吸烟者将点燃烟时的烟吸进肺里；

有99%以上的人认为，花钱买的烟是绝对不能浪费的。

一支烟的长度（84毫米），黄金分割处是最佳的吸食位置，也就是说只抽烟的大约三分之一处，剩下的三分之二就不要再吸了，这样对身体的危害较小。因为烟在吸前三分之一时，剩下的三分之二的烟支也在起着过滤作用，随着烟支的缩短，有害物质会不断增加，烟的味道也变得越来越差，一般的吸烟族吸到此处时恰好可以解了自己的烟瘾。

我们知道较长的烟蒂具有很好的过滤效果，越往后吸，有害成分的残留物越多，焦油含量就越高，对身体的危害就越大。特别是到了过滤嘴头部时，过滤嘴是化学物质，加热以后生成的有害物质比烟草大得多。

九、"小·淘气包儿" 臭氧

 随着生活水平的提高，人们的卫生保健意识也逐渐增强，特别是人们对蔬菜上农药的残留问题更是担心，很多厂家也在生产消除农药残留的各种机器，果蔬清洗机就是其中的一种。果蔬清洗机的原理是通过制造出的臭氧来消灭果蔬上的细菌、农药。可是，臭氧是一种强氧化剂，它在洗去有害物质的同时，是否也能将蔬菜中的营养物质破坏呢？为了搞清楚这个问题，我们以果蔬中所含的维生素C为例，通过下面的实验来研究一下不同品种的蔬菜、水果受臭氧的影响是怎样的。

我们会提供

药品：碘液、维生素C片（抗坏血酸）、淀粉。
仪器：托盘天平、臭氧发生器、家用榨汁机。
用品：烧杯、锥形瓶、滴管、铁架台、量筒、移液管、研钵。

你需要准备

各种蔬菜水果样品。

动手做起来

1. 研究通入不同时间的臭氧后对维生素C的损失量

①将0.5克抗坏血酸（维生素C）固体放入水中充分溶解，制成1000毫升的抗坏血酸稀溶液，即维生素C溶液。

②用移液管取出10毫升维生素C 溶液移入锥形瓶内。

③滴加淀粉溶液5滴。

④用滴管吸取碘液进行滴定，当样品恰好变蓝时，记录消耗碘液的体积并进行换算（换算方法见资料卡）。

⑤将上述配制好的抗坏血酸溶液通入臭氧1、2、3、4分钟，再按照上述方法连续进行滴定实验，并记录每次消耗碘液的量。

2. 研究臭氧对小西红柿中维生素C的损失量

取同一天购买的小西红柿（或其他样品），等量地分成两份，其中一份用水洗不通臭氧，另一份用水洗通入臭氧。按以下步骤进行操作。

①称取5个小西红柿，记录质量。

②用榨汁机或研钵将小西红柿制成汁。

③用定性滤纸进行过滤。

④将过滤好的滤液移入锥形瓶中，滴加5滴淀粉溶液。

⑤用装有碘液的滴管进行滴定，当样品溶液恰好变蓝时，记录消耗碘液体积并进行换算，求出小西红柿中的维生素C含量。

⑥ 取同样质量的小西红柿，分别通入臭氧5分钟、10分钟、15分钟，再按上述方法测定其中所含维生素C的量。

3. 研究臭氧对二价铁的氧化作用

①取等量硫酸亚铁（$FeSO_4$）固体分别放入两烧杯里，然后加入蒸馏水溶解。

②迅速将其中一杯通入臭氧30秒。

4. 实验探索既能减少对蔬菜营养物质的破坏，又能有效的去除蔬菜上农药残留的其他方法。如：开水烫、清水洗、不同时间浸泡等等。按照上面的方法设计对比实验，进行维生素C含量的测定。

你要记录

1. 通入不同时间的臭氧维生素C的损失量（表1）

通臭氧时间（分钟）	消耗碘液的滴数（滴）	剩余维生素C（毫克）
0		
1		
2		
3		
4		
5		
6		

2. 以通入臭氧的时间为横坐标，以维生素C的损失量为纵坐标，画小西红柿的维生素含量变化曲线图。

维生素C含量（毫克）

时间（分钟）

3. 将实验2（通入臭氧5分钟、10分钟后的维生素C的减少量）各种蔬菜测定结果用柱状图描述出来。

你会了解

臭氧_____破坏果蔬中的维生素C，接触时间不同，臭氧对果蔬中的维生素C的破坏程度_____。

铁在人体内具有造血功能，是人类必需的微量元素之一，但人体能够吸收的是二价铁而非三价铁。如果长期使用臭氧发生器清洗蔬菜，那么蔬菜中的二价铁还能否被人利用吸收？人体内如果缺少铁元素，长期下去就会影响身体健康。

采访社区居民家庭清洗蔬菜的方法，比较每种方法的优缺点。

你回家后

1.维生素C与坏血病：维生素C是一种白色晶体，能溶于水，因为它能抗坏血病，又显酸性，所以又叫抗坏血酸。它是一种水溶性物质，在体内不能贮存，所以，要不断进行补充，否则就会患坏血病。早在15世纪，航海业开始发达，但是水手们在长期的海上漂泊中死亡惨重，他们的死因都是患上一种病——坏血病。麦哲伦的环球航行，坏血病就使船员人数减少了一半以上。在当时，海上的船员死于坏血病的人数比战场上死亡的还要多。是什么原因引起的，无人所知。这些病的症状都是双脚肿胀、牙龈溃烂、毛囊出血，进食特别困难，直至最后死亡。

后来人们发现，患有上述症状的海员，只要到达港口，吃上绿色蔬菜或水果，如甜橙、柠檬等症状就会减轻，或恢复健康。直到1932年，维生素C才首次从柠檬汁中被分离提纯成白色晶体。

2.耗碘体积与维生素C质量的换算方法：

①取0.5克抗坏血酸固体充分溶解在1000毫升蒸馏水里。（即每毫升含抗坏血酸0.5毫克）。

②取10毫升此溶液（即含有5毫克维生素C）移入锥形瓶中，滴加淀粉溶液5滴。

③用碘液滴定，溶液变蓝时记下耗碘体积 V_1（V_1——每滴定5毫克抗坏血酸所消耗碘液的体积为16毫升）。

④记实验1和实验2中实际耗碘体积为 V_2，滴定各种果蔬液中的Vc质量为x毫克。则 $x = V_2 \times 5 / V_1$

⑤上式计算出各种蔬菜水果通入臭氧前后的维生素C含量。

资料卡

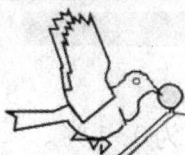

十、"双刃剑"过氧乙酸

2003年非典期间，为了阻止可怕的SARS疫情在迅速蔓延，在不了解病毒来源和确切传播途径的情况下，市民纷纷上街购买各类消毒液进行自我防护，其中过氧乙酸成为抢手的消毒剂。一些办公、娱乐、购物等场所及家庭居室都在使用这种消毒剂消毒，重点地区有近90%的市民家庭使用过氧乙酸进行环境消毒。他们有的把过氧乙酸放在小碗里做空气熏蒸，有的用它擦拭物品同时人们要忍受一种带有刺激性的酸性气味。紧接着报纸报道出有人误食消毒液引起中毒，有人由于过氧乙酸使用不当引起眼睛红肿、嗓子发炎，也有人由于不了解过氧乙酸的性质，在使用中造成家用电器的毁坏。那么，

过氧乙酸到底是什么？它的性质如何？

过氧乙酸的使用是否会毁坏家用电器？

过氧乙酸对人体到底有没有危害？应如何安全使用？

非典过后的这些问题是不是应当引起我们的思考？

我们会提供

药品：20%过氧乙酸溶液。

仪器：托盘天平。

用品：铁片、铝片、铜片、镁条、烧杯、量筒、玻璃棒、砂纸、试管、水槽、镊子、剪子、小刀等。

你怎样做？

动手做起来

过氧乙酸对金属腐蚀的试验

①配制不同浓度的过氧乙酸溶液，浓度分别为0.1％、0.2％、0.3％、0.4％、0.5％。

②将镁条用砂纸打光，剪成6厘米长备用，并称量剪好的镁条的质量。

③用砂纸将金属铁、铝、铜片打光，并剪成4厘米×5厘米大小，在天平上称取各1克备用。

④将金属铁、镁、铝、铜片和镁条置于20毫升不同浓度的过氧乙酸溶液中120分钟，记录时间和试验现象。

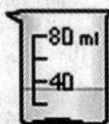 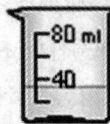 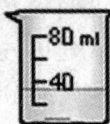 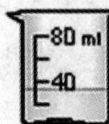

镁　　　　　铁　　　　　铝　　　　　铜

⑤测量4种金属在不同浓度的过氧乙酸溶液中反应后的质量。

⑥分别列出浓度为0.2％、0.5％、1.0％、1.5％的过氧乙酸与金属的反应前后质量变化。

你要记录

过氧乙酸对金属腐蚀的试验结果

	镁	铝	铁	铜
试验前质量(克)				
试验后质量(克)				
试验质量差(克)				

你会了解

　　过氧乙酸对于金属有腐蚀作用，腐蚀强度与过氧乙酸的浓度成正比，其中受到过氧乙酸影响最大的金属是_____，最小的金属是_____。

过氧乙酸对芦荟、辣椒危害的试验

　①用30毫升、浓度0.5%的过氧乙酸溶液每天浇芦荟、辣椒各一次。

　②与每天浇30毫升自来水各一次的芦荟、辣椒做对照实验。

你回家后

　③每天观察、记录实验结果。

天数（天）	1	2	3	……
实验组芦荟				
对照组芦荟				
实验组辣椒				
对照组辣椒				
备注：需要记录高度，生长状况，可以用照片记录。				

1. 过氧乙酸对金属的腐蚀

过氧乙酸不可用于金属器械消毒，在给家用电器表面消毒时，应避免溶液滴落到电器内部，否则会造成集成电路中的铜线以及电子元件触脚被过氧乙酸腐蚀，这样会使电路短路或断路，从而使家用电器毁坏。非典过后，许多人家中剩余不少过氧乙酸消毒液，由于过氧乙酸的强氧化性和不稳定性，长期存放会给市民家庭带来安全隐患。有些家庭急于将其处理掉，将高浓度的过氧乙酸溶液直接倒入下水道，这样做不仅会腐蚀下水管道，同时挥发出的氧气与下水管道中的可燃气体混合，还有可能发生爆炸。在过氧乙酸的排放过程中也会杀灭微生物，破坏生态环境，给北京市污水处理系统的正常运转造成困难。

2. 过氧乙酸对家具的腐蚀

由于过氧乙酸可使有色物质的颜色消退，因此过氧乙酸溶液不能用于有色家具表面的消毒。

3. 过氧乙酸对人和动物的危害

由于过氧乙酸对黏膜具有刺激和腐蚀性，因此建议在给房间进行喷雾及熏蒸消毒时，操作者要戴上防护面罩，也可用口罩和游泳镜代替，人及宠物要离开房间，消毒完毕开窗15分钟后才能进入，以减少过氧乙酸给人体和宠物带来的刺激及不适感。过氧乙酸原液浓度为20%，具有较强的腐蚀性，因此不可直接用手接触，配制溶液时应带橡胶手套。

资料卡

十一、洗发水家庭小作坊

全世界洗涤用品工业开始发展，至今已逐步形成了一个较完整的工业体系，数十年来，由于科学技术的不断进步和石油、化学工业的高速发展以及人们对洗涤用品的迫切需要，全世界洗涤用品生产得以迅猛发展。洗发水是最常见的日用洗涤剂，现在市场上洗发水的品牌不胜枚举，几乎每个家庭都尝试过不同的品牌的洗发水，那么到底什么样的洗发水更招人喜欢呢？今天就让我们自己尝试动手制作一瓶洗发水吧，一定会大受欢迎！

我们会提供

药品：十二醇硫酸钠、色素、香精、氯化铵。

用品：硬塑料管、烧杯、标签纸、纸巾。

材料：热水。

你需要准备

用过的空洗发水瓶。

动手做起来

制作洗发香波的配方有很多，我们给大家提供5个小配方作为参考，同学们快来亲手做一瓶洗发香波吧。

1. **配方一**：

①先向烧杯中倒入70～80毫升热水；

②将一勺十二醇硫酸钠倒入热水中，顺着一个方向搅拌，注意不要搅出泡泡；

③加入少量的氯化铵试剂，继续搅拌；

④加入香精和色素。

2. **配方二**：按配方表依次将各原料倒入烧杯，并搅拌。

3. **配方三**：同上。

4. **配方四**：同上。

5. **配方五**：同上。

配方二	配方三
十二烷基苯磺酸钠，10～20毫升 染料、香精、防腐剂适量 乙醇，5～10毫升 椰油脂肪酸二乙醇酰胺，3～5毫升 壬基酚(EO)9醚，5～10毫升 水，余量	焦磷酸四钾（60%溶液），20毫升 氢氧化钾（45%溶液），5毫升 Kasil硅酸钾，30毫升 水，10毫升 高氯酸钠（15%溶液），5毫升
配方四	配方五
十二烷基苯磺酸钠(45%溶液)，5毫升 柠檬酸(50%溶液，加到pH值7.5)，0.25毫升 十二烷基苯磺酸钠(60%溶液)，20毫升 水，余量 氧化二甲基十四烷基胺，6毫升	烷基硫酸盐，30毫升 烷基聚苷，5毫升 C12～14脂肪酸N-甲基葡糖酰胺，5毫升 枯烯磺酸钠，3毫升 十二烷基二甲基氧化胺，3毫升 乙醇，4毫升 氯化镁，1.5毫升 水及添加剂，余量

注意事项

实验中常见以下问题，快来了解解决方案吧：

常见问题	解决方案
泡沫过多难消	搅拌过浅、水过少形成的，自己调整。
保质期不长	从以下方面寻找原因：容器、工具、包装的细菌传染，防腐剂含量、水质好坏、气候变化、温度高低都会影响保质期。
有未完全溶解的粉团	半透明增稠粉搅拌的不好，过滤一下就成了。
出现沉淀现象	最后的均质搅拌太马虎。多搅几下。
去屑不好	添加去屑助剂
泡沫不多	添加表面活性剂
几天就变质	忘了放防腐剂，春夏秋冬都要放，冬天少放夏天多放。
水溶液过滑	拉丝粉放多了，所以会滑。
变稀了	变质了会先变稀，然后变臭，是细菌感染的问题。需加强生产车间的灭菌工作。也可能是使用过程中的细菌感染的问题。
稠度差一点	添加适量的增稠粉。
保湿柔亮不够	添加保湿柔亮剂。

你要记录

	发现的有趣现象	怎样解决的	洗发香波的效果
配方1			
配方2			
配方3			
配方4			
配方5			

你会了解

洗涤剂的主要成分是表面活性剂，表面活性剂是分子结构中含有亲水基和亲油基两部分的有机化合物。一般是根据表面活性剂在水溶液中能否分解为离子，又将其分为离子型表面活性剂和非离子型表面活性剂两大类。离子型表面活性剂又可分为阳离子表面活性剂、阴离子表面活性剂和两性离子表面活性剂三种。

通过上网、书籍和报刊等信息来源，查阅是否有其他洗涤剂的配方，记录下来。并观察不同的洗发水配方表，了解每一种配料的功能。

你回家后

资料卡

1. **新型洗发水配方：** 洗发水表面活性剂+珠光浆+保湿柔亮剂+增稠粉+水+香精+色素+防腐剂=洗发水。其他特别功能助剂自己另行添加。

2. **工业生产洗发水原料用量参考。**（以每百斤水下料来计算）

名称	参考用量
防腐剂	防腐原液以万分比放，防腐剂以千分比放，根据防腐剂含量、保存时间、气候变化、温度调节、水质好坏来计算加入防腐剂。
半透明增稠粉	放550～600克，能与盐复配，pH值高于10低于5稠度会下降。呈碱性会变为米黄色。
全透明增稠粉	放500～550克，不能与盐复配，与盐复配会分层。
拉丝粉	放20～100克。
色素	视需要的浓淡自定，常规是放1克。
香精	视需要的浓淡自定，常规是放10～20克。
表面活性剂	视配方成本的需要来定。
珠光浆	视需要的多少自定，常规是放500克。
柔顺剂	视需要的多少自定，常规是放2～3千克。

十二、有机玻璃打不碎

玻璃的特点是晶莹透明、透光性好。它在房屋建筑业、车辆制造业和灯具制造业等领域都得到广泛应用。但是，玻璃有一个很大的缺点，就是硬而脆，容易碎裂，并且难于成型加工。所以，如今在很多需用到透明部件的地方，都已经改用有机玻璃了，它是一种叫做聚甲基丙烯酸甲酯的塑料。由于它不易碎裂，所以人们有时称它为"不碎玻璃"。今天我们就来自己制造一次有机玻璃吧。

我们会提供

药品：甲基丙烯酸甲酯、二苯甲酰。

用品：锥形瓶、玻璃纸、橡皮筋、玻璃棒、烧杯、试管、酒精灯、三脚架。

动手做起来

1. 制备甲基丙烯酸甲酯

以丙酮、氰化钠、硫酸和甲醇做原料，先制成像乙烯分子那样在结构上具有双键的甲基丙烯酸甲酯。

注意：此步骤反应较复杂，而且氰化钠极毒，如实验，必须由专业老师指导完成。

2. 催化高分子物质合成

①在一个干燥的100毫升的三角烧瓶中，放入15克甲基丙烯酸甲酯（是一种无色透明的液体。为防止它在贮存期间起反应，通常在市售的成品中都加有阻止起反应的阻聚剂，所以，在实验前需进行减压蒸馏去除阻聚剂。不过，对于不含阻聚剂的成品，就不需经过这些手续，可以直接用来进行实验）。

②溶入0.15克过氧化二苯甲酰作为引发剂。然后在瓶口上覆盖一张玻璃纸，用橡皮筋扎牢（但不能太紧）。

③将这个锥形瓶放在一个温度控制在80～90℃之间的水浴装置中加热（严防水渗入，以免影响质量），时时取出轻轻摇动，直至甲基丙烯酸甲酯液体达到能附在容器壁上缓缓流下的

80～90℃的水

黏度为止，一定不能加热过甚。这样做的目的，主要是使它预先反应一下，以减少在以后反应中发生的收缩作用，并且缩短反应的时间。

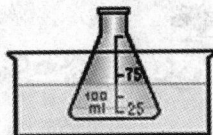

④将锥形瓶中黏稠的液体倒进一个非常洁净的、干燥的试管里，用软木塞轻轻塞住管口。

⑤这个试管插进95℃左右的水浴或烘箱中（如果使用水浴，可以预先在水面上放一层油，以避免产生过多的水气），使它反应。大约经过1～2小时，一根像水晶般透明的有机玻璃棒便制成。

如果要做有颜色的有机玻璃，只需事先在反应液中溶入少量染料就可以了。

你会了解

1. 制作有机玻璃的过程是放热反应还是吸热反应？

2. 我们制得的产品可能带有很多气泡，质量不是特别理想。原因是过快的升温对品质有很大影响，而我们为了使反应能在很短的时间里完成，在一开始的时候采用了较高的反应温度。

在课堂上，我们学会了制作有机玻璃，在家里我们有什么办法来区分一块玻璃到底是玻璃还是有机玻璃呢？其实很简单，有机玻璃是一种塑料，所以并没有真正玻璃的耐热性，一般的有机玻璃在65～90℃就会发生韧性和延展性的变化，这说明我们只需要将有机玻璃浸泡到开水里，有机玻璃就会变软，没有那么坚硬了。而真正的玻璃要高达600℃的温度才会开始变软呢。这也是为什么虽然有机玻璃性能很好，但是在一些工程类方面（汽车窗、建筑窗等）并不被广泛采用的主要原因了。

你回家后

资料卡

作为原料的甲基丙烯酸甲酯原是小分子化合物，反应后方才形成高分子物质。因此，我们通常称它为有机玻璃的单体。这种单体在进行反应时，先是双键破裂，然后各个小分子相互结合起来，最后成为高分子。像这样类型的反应，我们称它"聚合反应"。聚甲基丙烯酸甲酯前面一个"聚"字，就是表示它是由许多甲基丙烯酸甲酯单体聚合起来的意思。

有机玻璃的用途极广，例如飞机上的座舱罩，汽车和船舶上的窗户等，都少不了它。其他如照相机和望远镜的透镜、透明模型、电器零件、眼镜、纽扣、表面玻璃等，也都常用到它。有机玻璃还有一种奇特的性能：只要它的片子或棒的弯度不超过48°，就能使光线拐弯，即自一端射入另一端射出；如果片子或棒的外部极为光滑，而内部又非常洁净，光线从它内部通过时在它旁边会一点也察觉不到。若将表面弄毛或刻上花纹字迹，或者它的内部有杂质、裂缝存在，则从内部通过的光线就将在这些地方向外反射而发出亮光。利用有机玻璃这种能使光线拐弯前进的性质，可以用来制造边缘发光的材料，在医学上则可用来制作能传送光线到病人口腔或喉咙里去，以便进行手术的医疗用具。有机玻璃的单体还可以做成胶，用这种胶来黏合东西，不但非常牢固，而且在被胶合的物件上，不会留下明显的缝隙。这种胶还可以像油漆一样涂在画面上或书籍封面上，使它们变得非常光滑、明亮、美观和耐用。

十三、黑白照片披新装

黑白照片可以借助于一些化学反应染成各种颜色，使照片更为美观。这种染色过程在摄影中称为调色，调色分为直接调色和间接调色。直接调色是把照片上的黑色银粒通过化学反应转变成某种颜色的化合物；间接调色是把影像上的金属预先氧化漂白，然后调色。下面就让我们来给黑白照片披上漂亮的新装吧。

我们会提供

药品：硫酸铜、铁氰化钾、硝酸钾、草酸铵、重铬酸钾、氨水、柠檬酸铁铵、浓硫酸、硝酸铅、10%硝酸溶液、铁铵矾、溴化钾、硫化钠。

仪器：托盘天平。

用品：量筒、烧杯、竹夹。

动手做起来

1. 黑白照片穿红装

①配制溶液：

调色液配方：0.5克硫酸铜、0.4克铁氰化钾、0.4克硝酸钾、1.6克草酸铵，全部溶解在100毫升水中。

②将照片在清水中浸泡后，放入调色液中，并不时用竹夹晃动照片。

③黑白照片上出现的是紫红色的影像。当认为颜色合适时，取出照片，用水清洗到照片的白色部分不发黄为止。

④最后把照片晾干，或上光。

2. 黑白照片穿黄装

①配制溶液：

漂白液配方：把7克硝酸铅和7克铁氰化钾溶解在100毫升水中。

调色液配方：1克重铬酸钾加水200毫升溶解，用氨水滴加到溶液转变为黄色为止。

②把用水浸透的照片先放入漂白液内直至影像完全退去，经水洗后再放入调色液中，照片即显出鲜黄色。

3. 黑白照片穿蓝装（铁盐调色法）

①配制溶液：

甲液配方：0.8克铁氰化钾、3毫升浓硫酸、500毫升水。

乙液配方：0.8克柠檬酸铁铵、3毫升浓硫酸、500毫升水。

②取浸透的照片放入等体积混合均匀的上述甲、乙溶液中，并用竹夹不时晃动照片使照片影像变蓝，并视蓝色深浅控制调色时间。

③调色后，用清水反复冲洗半小时，直至白色部分不显黄色为止。

④最后晾干或上光。

4. 黑白照片穿绿装

①配制溶液：

漂白液配方：1.7克硝酸铅、1克铁氰化钾、10%硝酸溶液1毫升，溶于100毫升水中。

调色液配方：1克铁铵矾、0.5克重铬酸钾、0.5克溴化钾，溶于100毫升水中。

②把浸透的照片放入漂白液中，待黑色影像退去，经清洗后，放入调色液，黑白照片即调成绿色照片了。

5. 黑白照片穿棕装

①配制溶液：

漂白液配方：4克溴化钾、5克铁氰化钾溶于100毫升水中。

调色液配方：1克硫化钠，溶于100毫升水中。

②把浸透的照片放入漂白液中，待黑色影像退去，经清洗后，放入调色液，黑白照片即调成棕色照片了。

你要记录

在实验中，你将照片染成了_____种颜色，其中你认为效果最好的是_____色。

你会了解

黑白照片上的黑色，实际上是卤化银的颜色。照片底片上的化学物质在光照的条件下会生成黑色的银颗粒，所以光的强度越高，曝光时间越长，镜头光圈越大，都会导致这种黑色颗粒大量的生成，成为黑色。而我们也可以利用银的化学性质来对照片进行调色。

现在，由于数码相机的普及，已经不需要在暗室里洗照片成像了，而是直接使用照片打印机就可以将电子媒介的相片转变为相纸媒介的。但是传统的曝光方式成像的相机依然拥有大量的爱好者，回家后，去销售相机的店里看一看，还有没有传统曝光方式的相机呢？他们又比数码相机有着哪些优势呢？

你回家后

资料卡

1. 红色调色法其反应原理是：

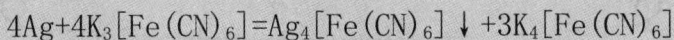

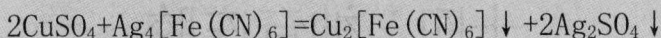

$$4Ag+4K_3[Fe(CN)_6]=Ag_4[Fe(CN)_6]\downarrow+3K_4[Fe(CN)_6]$$

$$2CuSO_4+Ag_4[Fe(CN)_6]=Cu_2[Fe(CN)_6]\downarrow+2Ag_2SO_4\downarrow$$

第二个反应中生成的亚铁氰化铜是紫红色的，所以黑白照片上出现的是紫红色的影像。当认为颜色合适时，取出照片，用水清洗到照片白色的部分不发黄为止，最后把照片晾干，或上光。

2. 黄色调色法其反应原理是：

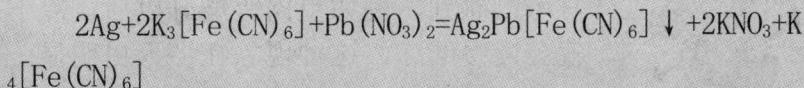

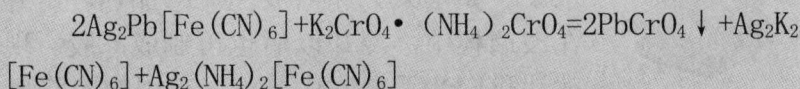

$$2Ag+2K_3[Fe(CN)_6]+Pb(NO_3)_2=Ag_2Pb[Fe(CN)_6]\downarrow+2KNO_3+K_4[Fe(CN)_6]$$

$$2Ag_2Pb[Fe(CN)_6]+K_2CrO_4\cdot(NH_4)_2CrO_4=2PbCrO_4\downarrow+Ag_2K_2[Fe(CN)_6]+Ag_2(NH_4)_2[Fe(CN)_6]$$

在调色液中，氨水与重铬酸钾发生反应，生成铬酸钾和铬酸铵的复盐$K_2CrO_4\cdot(NH_4)_2CrO_4$为黄色，所以影像被染上鲜黄色。

3. 蓝色调色法（铁盐调色法）其反应原理是：

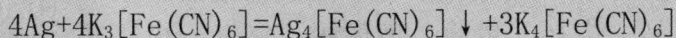

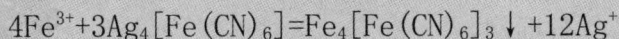

$$4Ag+4K_3[Fe(CN)_6]=Ag_4[Fe(CN)_6]\downarrow+3K_4[Fe(CN)_6]$$

$$4Fe^{3+}+3Ag_4[Fe(CN)_6]=Fe_4[Fe(CN)_6]_3\downarrow+12Ag^+$$

其中柠檬酸铁铵中的三价铁离子与亚铁氰化银反应，生成了普士蓝，所以黑白照片成了蓝白照片了。

4. 棕色调色法（硫调法）其反应原理是：

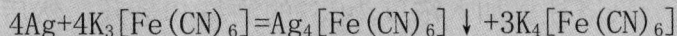

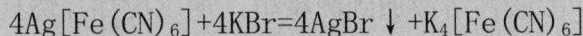

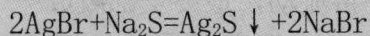

$$4Ag+4K_3[Fe(CN)_6]=Ag_4[Fe(CN)_6]\downarrow+3K_4[Fe(CN)_6]$$

$$4Ag[Fe(CN)_6]+4KBr=4AgBr\downarrow+K_4[Fe(CN)_6]$$

$$2AgBr+Na_2S=Ag_2S\downarrow+2NaBr$$

反应所产生的硫化银是棕色的，棕色深浅与调色时间和调色液浓度有关，使用时可适当控制。

十四、神奇冻胶

胶体的存在很广泛，它与工农业、日常生活等方面联系也很广，在日常的生活中经常可以碰到，例如鱼肉等烧好以后，冷下来就会慢慢结冻，这种现象在冬天更明显。把水果（如苹果）和糖放在一起加热，烧好倒在玻璃杯中，冷却以后也可制成冻胶。现在就让我们亲手来制作一种很有用的冻胶吧。

我们会提供

药品：95%乙醇溶液、饱和醋酸钙溶液。

用品：烧杯、量筒、玻璃棒、钢针、火柴、三脚架、石棉网。

动手做起来

1. 制作酒精冻胶

在一只烧杯里加入浓度为95%的酒精40毫升，然后慢慢地把约8毫升的饱和醋酸钙溶液加到酒精里，加以搅拌。烧杯中的液体开始浑浊，而后逐渐稠厚而不再流动，最终全部凝成一个整块。

用钢针将杯子内壁刮一周，倒覆杯子，在底部轻轻敲几下，一块胶状的固体酒精就从杯中倒出。

2. 点燃固体酒精

将倒出的固体酒精放置在三脚架的石棉网上，用火柴点燃。

你要记录

固体酒精燃烧殆尽后，在石棉网上留下了
_____。这是因为_____并不参与燃烧。

你会了解

因为酒精与水可以按任意比例混合，醋酸钙却只溶于水而不溶于酒精，这种性质就造成了醋酸钙在酒精和水的混合液中既不以沉淀状态析出，又不像普通溶液那样呈液体状态，却成为一整块半固体状态的物体。这就是冻胶。

有时候在水中加入少量的干胶（如明胶）做成的胶体溶液，也能变成冻胶。如在100克水中放0.5克明胶做成的溶胶，就能生成冻胶，不过需要几天时间才可以；而10%的明胶溶液，则只要几分钟就能凝成冻胶了。与明胶相似的还有琼脂等。

琼脂、明胶等物质生成的冻胶用途很大，在培养细菌等微生物的研究工作中，常常用到它们作为固体培养基。目前，我国的农药新产品"九二〇"，在它的制造过程中就要用到琼脂等做成冻胶。

市售的明胶等固态的物体，称为干胶。它有一个很重要的性质，就是它浸入水中时能吸收水分而体积膨胀。这种现象称为肿胀，当然，其他干胶在适当的溶剂中也可以膨胀，橡胶在苯中发生肿胀就是一个例子。

向父母要求自己亲身参与一次肉皮冻的制作，肉皮冻实际上就是利用胶原蛋白形成的冻胶。现在超市里也出售一种人造肉皮冻，买回一些，和自己做的肉皮冻比一比：

你回家后

让两种肉皮冻从一米高的地方做自由落体运动，看一看摔落后的两种肉皮冻有什么不同的现象。

实际上，人造肉皮冻并不是用肉皮做的，而是褐藻胶的冻胶。这种褐藻胶并不含有我们人体需要的营养物质，而且成本非常便宜。

十五、怪味尿素

在农业生产上，尿素是作为一种高效优质的氮肥来使用的。它含氮量高，又是中性肥料，适合施用于各种土壤和农作物。尿素之所以能够成为肥料，主要是因为它与水在催化剂的存在下，可以发生水解反应，能生成氨和二氧化碳气体的缘故。

这次活动我们要做几个好玩的实验，共同探讨尿素的功用。

我们会提供

药品：20%的氢氧化钠、20%的硫酸、石灰水、5%的尿素水溶液。

仪器：托盘天平。

用品：试管、弯玻璃导管的塞子、试纸、红色石蕊试纸、滴管、量筒、酒精灯、铁架台、药匙、玻璃棒等。

材料：黄豆粉。

动手做起来

1. 在试管里放5%的尿素水溶液5毫升，再加入20%的氢氧化钠溶液2毫升。微微加热以后，在试管口你可以闻到什么气味？用湿润的红色石蕊试纸放在试管口试验，出现什么现象？记录下来。

2. 用20%的硫酸代替氢氧化钠进行试验。只需用装有弯玻璃导管的塞子塞住试管，微微加热，收集反应所放出的气体，通到另一支盛有半管澄清石灰水的试管中，出现什么现象？

氢氧化钠

尿素水溶液

3. 为了证明植物体内和土壤里的脲酶存在，我们可以再做一个实验。

取尿素水溶液5毫升，加入约1克磨细的黄豆粉，搅匀后静置一会（最好浸在40℃的温水中）。不久，在试管口就可闻到阵阵氨的气味。这说明了尿素在黄豆的脲酶的催化下，水解成了氨气。用土壤来代替黄豆粉做实验也可以，不过需放置二天方才产生气味。

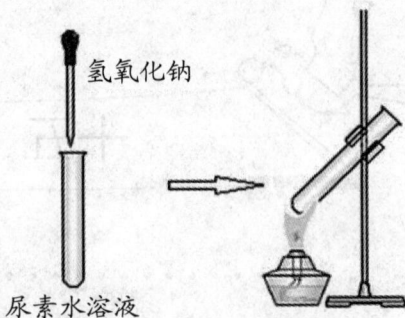

你要记录

book

1. 在试管里滴入5毫升5%的尿素水溶液，再加入2毫升20%的氢氧化钠溶液。微微加热以后，你闻到_____。用湿润的红色石蕊试纸放在试管口试验，由于氨溶在水里是呈_____性的，所以过了不久，试纸变成_____颜色了。

2. 用20%的硫酸代替氢氧化钠进行试验，你观察到的现象是：_____
_____。

你会了解

尿素在酸或碱存在的情况下，都可以水解生成_____和_____。反应中所加入的酸或碱是作_____以加速水解反应的进行。

对尿素的水解具有催化作用的，远不限于氢氧化钠或硫酸，土壤中或植物内就有一种同样能起催化作用的物质存在，这种物质叫脲酶。当尿素施在土壤或喷在植物叶子上的时候，在脲酶的作用下，它很快就水解生成氨。而氨再被土壤吸附，然后被植物吸收；或者直接被植物吸收，成为合成氨基酸、合成蛋白质的重要原料。至于二氧化碳，也是植物利用来合成淀粉、脂肪、有机酸、纤维素以及原形质的主要原料。

尿素是一种肥料，自己去花市买来一些营养液，记好配方，种植一些植物观察对比植物的生长情况。

你回家后

尿素不仅可以作肥料被植物利用，如果用它拌在牛羊等反刍动物的饲料中，还可以代替饲料中的一部分蛋白质，来增加牛羊的营养。这是因为牛羊等在吃下一些虫子以后，间接地从它们那里获得了能产生脲酶的细菌，而在这些细菌的作用下，吃进到牛羊胃里的尿素就加速水解，然后转变，最后合成蛋白质。所以尿素不仅是好肥料，而且是反刍动物的补品。

尿素不仅在农业上大量使用，而且在工业上的用途也很广泛。如在工农业生产上和日常生活中普遍用到的脲醛树脂和它的塑料制品，就是用尿素为主要原料生产的。医药工业上的利尿药、安眠药也要用它来制造。酿造工业使用了尿素可以提高发酵菌的发酵能力，增加酿造产量。

资料卡

十六、解密牙膏

虽然"早晚刷牙，饭后漱口"早已经是一般的常识，但我们对牙膏的组成及其具体作用的基本知识一般不很了解。牙膏种类繁多，我们必须了解其不同组成和功用，才能合理选择、正确使用。我们希望同学们通过一些小实验来寻找并了解牙膏中的一些小秘密。

我们会提供

药品：碘酒、稀盐酸溶液。

用品：有机玻璃片、pH试纸、试管、烧杯、玻璃棒、量筒等。

你怎样做？

你需要准备

不同品牌类的牙膏样品。

动手做起来

1. 观察牙膏发泡剂实验

①取长度约0.5厘米长的牙膏样品于小烧杯中。

②在烧杯中加入10毫升水，用玻璃棒搅拌均匀，观察泡沫的产生。

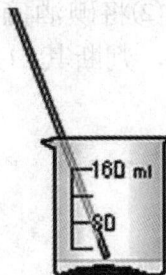

牙膏

③比较不同品牌的牙膏产生泡沫的情况，记录现象。

如果牙膏中的发泡剂质量比较好，可以看到很多泡沫产生。

2.判断牙膏摩擦剂的种类实验

①取长度约0.5厘米长的牙膏样品于小烧杯中。

②在烧杯中加入5毫升盐酸，用玻璃棒搅拌均匀，观察是否有气体生成。

③比较不同品牌的牙膏产生气体的情况，记录现象。

如果有气体生成，证明此牙膏的摩擦剂中含有碳酸钙。

3.判断牙膏的pH值

①取长度约0.5厘米长的牙膏样品于小烧杯中。

②在烧杯中加入5毫升水，用玻璃棒搅拌均匀。

③用玻璃棒沾取一滴牙膏液体于一小块pH试纸上，观察颜色的变化，判断酸碱性，记录。

本实验液可以将pH试纸直接沾水，然后与牙膏接触，观察pH试纸的颜色变化。

pH试纸

碘酒

4.判断牙膏黏合剂种类的实验

①取长度约0.5厘米长的牙膏样品于小烧杯中。

②将碘酒滴到牙膏样品上，观察蓝色生成，判断其中是否有淀粉。

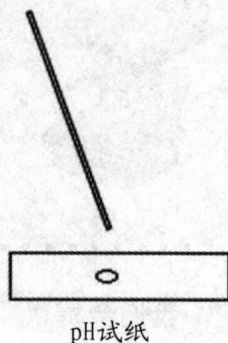

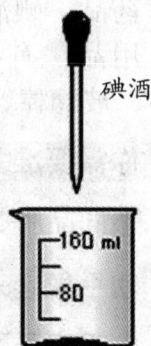

你要记录

牙膏品牌	发泡数量	摩擦剂	pH值	黏合剂

你会了解

大多数的牙膏中（是/否）使用碳酸钙作为摩擦剂，pH值控制在_____，（是/否）使用淀粉作为黏合剂。

1. 实验将少量牙膏样品放在铁片上，用酒精灯加热，观察到了什么现象？

2. 实验取少量牙膏样品摩擦有机玻璃表面，发现什么现象？为什么？

你回家后

3. 实验将少量牙膏样品加到5毫升水中，尽量搅拌均匀，然后再在其中加入5毫升水搅拌均匀。就这样一点一点地加水，观察其中的黏合剂的作用，是不是固体物质与水分离？什么时候开始分离？

各种牙膏有共同的洁齿作用，又有对不同疾病的治病作用。因此，购买牙膏时，不能只看牌子，要根据自己的情况选购。

资料卡

1. 摩擦剂

摩擦剂是一种较硬的物质，有较强的摩擦力，但其硬度比牙齿表面的釉质要小，因此它既可以靠摩擦去掉牙齿表面的污垢和色斑，又不会伤害牙釉。

用作摩擦剂的化学物质都是洁白的、细腻松软的粉状物。它们是：碳酸钙、磷酸钙、氢氧化铝、二氧化硅等。

2. 清洁剂

清洁剂在牙膏中起清洁作用，一般是合成洗涤剂或中性皂片。合成洗涤剂去污能力好，又不呈碱性，是膏体中较为理想的清洗剂。但是由于其价格较高，只用于高级牙膏中，而普通牙膏则用偏碱性的皂片。

3. 黏合剂

黏合剂的作用是防止牙膏中的粉状物与液态物质分离，可以将各种成分黏合在一起，使牙膏具有适当的黏性，保持挤出后的牙膏呈一定形态而不散。

人们一般用淀粉、合成白土、羧甲基纤维素和羟甲基纤维素做黏合剂，一般使用量为1%～2%。

4. 发泡剂

发泡剂都是表面活性剂，它可以使牙膏产生泡沫，在口腔中迅速扩散。一般的用量为2%～3%。

十七、软牛奶变硬塑料

牛奶是人类四大饮料之一，它的营养非常丰富。牛奶中不仅含有丰富的蛋白质和钙、磷等元素，还含有乳糖和脂肪等物质。新鲜牛奶经过乳酸细菌发酵可制成能增进食欲的酸牛奶。牛奶经加工还可制成奶粉、干酪、黄油、炼乳等奶制品。本次活动我们要用牛奶做塑料，这大概还没听说过吧！液态的牛奶怎么会变成固态的可塑性物质呢？我们来试试吧！

你怎样做？

我们会提供

仪器：托盘天平。

用品：小铝锅、玻璃棒、玻璃杯、手帕、小碗。

你需要准备

牛奶、米醋。

动手做起来

1. 将一瓶牛奶（约220毫升）放置半天，牛奶中的奶油会浮现在瓶口，撇出上层的奶油，瓶中剩下的即为脱脂牛奶。

2. 把脱脂牛奶放在小铝锅中用文火微热，并缓缓地倒入半玻璃杯米醋，边倒边用玻璃棒搅拌，即可产生乳白色的"蛋花"状物质。

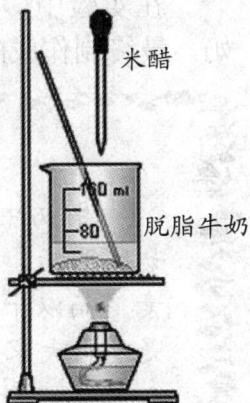

米醋

脱脂牛奶

3.取一块干净的手帕，平放在小碗的碗口上，小心地把铝锅中的液体和乳白色"蛋花"状物质一起倒入手帕中。

4.过滤完后，把手帕中乳白色的"蛋花"状物质包起来，用力挤压。挤干后的物质像面团一样，可以捏成你所需要的形状。

5.如果在定形前加入色彩鲜艳的颜料和甲醛固化剂等物质，可以制成五光十色的纽扣、玩具等塑料制品。如果在定形前加入氨水、烧碱等软化剂，使蛋白质易于溶解，则制成的干酪素可以加工成揩光浆（可用于制造光亮耐磨的纸牌，并在制革工业和包装业有广泛应用）。

注意事项

1. 本实验对牛奶的质量要求不高，即使是变酸的牛奶一般也可使实验获得成功。

2. 铝锅中的脱脂牛奶可放在煤气灶或煤炉上微热。将米醋倒入脱脂牛奶中时，要不断地用玻璃棒搅拌，使酪蛋白的微粒能充分与米醋接触，使实验效果更好。

你要记录

在实验中，你共使用了＿＿＿＿毫升牛奶，最终制作成的牛奶塑料＿＿＿＿克。

你会了解

牛奶中所含的蛋白质主要是酪蛋白。牛奶脱脂后，酪蛋白易在弱酸中沉淀，生成干酪素。而以干酪素为基本成分的高分子化合物就是塑料大家庭中的一员。

酪蛋白一般都以钙盐的形式存在于牛奶中，所以当牛奶和一些酸性的饮料或者水果混合的时候，就会形成草酸钙、果酸钙和较大的凝块，变得不容易被人体吸收。在家的时候，用牛奶和味道比较酸的果汁进行1∶1混合。看一看，是不是形成了沉淀呢？

你回家后

所以在生活中，要避免牛奶和弱酸的饮料同时食用，你不想看到实验中制备的牛奶塑料在你的肠胃中合成吧。

资料卡

干酪素是动物乳汁中的含磷蛋白。结构式为 NH_2RCOOH，无臭、无味的白色至黄色粉末，相对密度为 $1.25\sim1.31$。几乎不溶于水、醇及醚。溶于稀碱液、碱性碳酸盐溶液和浓酸，在弱酸中沉淀。有吸湿性，干燥时稳定，潮湿时迅速变硬。主要作为食品添加剂、酪素胶、化妆品的原料，也用于制造油漆、塑料、铝箔、安全火柴、颜料、铜版纸等，在皮革化工、夹板工业、上光工业等有广泛的用途。

酸酪蛋白可作为涂料的基料，木、纸和布的黏合剂，食品添加剂。此外，因流动性好，易于涂装施工，粗制凝乳酶二蛋白主要用于制造塑料纽扣。酪蛋白纽扣与其他树脂纽扣相比，染色性、加工性、色泽鲜艳性较好，质量在纽扣中居中上等。干酪素与消石灰、氟化钠、硫酸铜均匀混合，再配入煤油得到酪素胶，是航空工业和木材加工部门使用的一种胶合剂。干酪素也用于医药和生化试剂。

十八、泡沫塑料亲手做

别看泡沫塑料的身上千孔百洞，犹如蜂窝似的，它的用途可大得很哩！泡沫塑料浑身都是极小的孔洞，孔里充满了不善于导热和传声的空气，因此在绝热隔音方面，它是一种不可多得的好材料，常应用在剧院和冷藏库等建筑中。泡沫塑料还是一种新型的、优质的冬衣材料呢。用它做衣服的衬里，不仅保暖御寒，而且不怕虫蛀，不会霉烂，还经受得住反复的水洗。由于这种塑料的重量比羊毛要轻得多，所以做成衣服穿起来既温暖，又舒适，毫无臃肿不便的感觉。今天我们就亲手来制作泡沫塑料吧。

我们会提供

药品：二氯甲烷、碳酸铵。

仪器：托盘天平。

用品：锥形瓶、玻璃板、试管、烧杯、水槽、酒精灯、三脚架、软木塞、石棉网、温度计等。

你需要准备

材料：用聚苯乙烯做的旧牙刷柄或废旧梳子（检验它们是不是聚苯乙烯的最简单的方法是，轻轻敲打它们，若发出清脆的、类似金属铿锵声的便是聚苯乙烯）。

动手做起来

1. 将牙刷或者梳子弄碎，称取10克，放入一个100毫升的三角烧瓶中。

2. 在三角烧瓶中加入10毫升二氯甲烷作溶剂（用甲苯或苯也可以，不过用量要稍多些），用软木塞塞住瓶口，摇荡，使它溶解。

3. 加入2～3克研细的碳酸铵，作为发泡剂。

4. 再把这个混合液倒在平滑的玻璃板上，放在通风处让溶剂挥发（不能曝晒），直至变得干硬为止。由于溶剂的蒸气有毒性，所以这步必须在通风处进行。最后，把它弄碎变成小颗粒。

5. 把这些小颗粒放入试管中，压紧（也可以在里面加点汽油，以增加发泡效果），将它放在95℃的水浴中加热几分钟。

6. 加热以后，立即把试管取出，用冷水急剧冷却试管，待塑料定型后即可从试管里取出泡沫塑料。

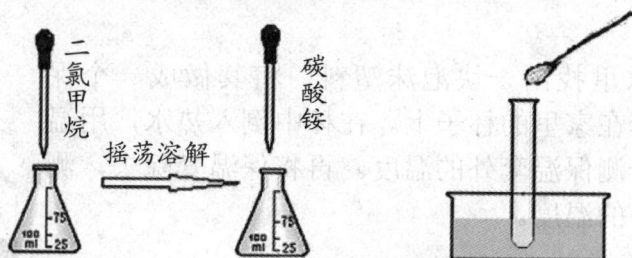

你要记录

在实验的第＿＿＿步中，泡沫塑料的体积迅速增大。并且，在增大的过程中，有＿＿＿＿气味的气体产生，据推测，气体是＿＿＿＿。碳酸铵受热后发生分解，放出了大量的二氧化碳和氨气，所以聚苯乙烯便"发酵"起来，出现了大量的气孔。

你会了解

其实，制作塑料泡沫的原理和我们在家发面的道理是一样的。在面粉中混合上酵母，酵母会在合适的环境下分解碳水化合物，放出大量的二氧化碳，使得面团从内部变得疏松多孔。

在本实验中，利用了碳酸铵受热分解，放出二氧化碳和氨气的性质，让混合了碳酸铵的聚苯乙烯在受热状态下生成大量的二氧化碳与氨气。形成类似于面团一样的疏松结构。

从家里找出一块泡沫塑料，将其做成一个保温套，套在家里的杯子上。在杯中倒入热水，用温度计测一测保温套外的温度。再将保温套除去，测一测杯外的温度。

你回家后

资料卡

由大量气体微孔分散于固体塑料中而形成的一类高分子材料，具有质轻、隔热、吸音、减震等特性，且介电性能优于基体树脂，用途很广。几乎各种塑料均可作成泡沫塑料，发泡成型已成为塑料加工中一个重要领域。

十九、有毒塑料现原形

人类几千年来用过各种各样的材料，如石头、木头、竹子、金属、陶瓷、棉、毛、丝、麻、皮革、玻璃、水泥等，但在近几十年里，人们开始大量地使用塑料，塑料已经成为以上各种材料的代用品。

塑料是一种有可塑性，用合成高分子化合物做的人造材料。它可以用石油、煤、石灰石、食盐、空气、水、天然气等普通便宜的物质作原材料，不受自然条件的限制，可以工厂化大量生产。同时，塑料的性能在许多方面比天然材料优越，能适合多种需要，因而发展迅速、前途无量。

但是在使用塑料制品时，我们应当了解和认识各种塑料的基本性质，特别是对于日常生活中广泛使用的采用塑料制成的包装物和器皿，如盛放、包装、加热、冷藏食品的塑料，必须认清是否有毒，否则会给我们带来危害。

本次活动就是让同学们动手做一些实验，从实践中掌握区别有毒塑料的方法。

我们会提供

用品：酒精灯、烧杯、三脚架、石棉网、火柴、镊子、剪子、尺子等。

你怎样做？

你需要准备

选择一些自己不能判断是否有毒的塑料样品，如包衣服的塑料袋、食品袋等。

动手做起来

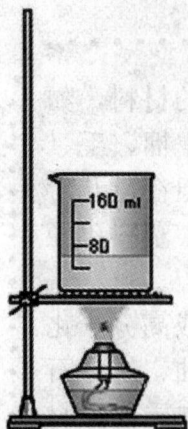

1. 将采集到的塑料薄膜样品各取2×2厘米大小一块，放入到烧杯中，观察哪一种容易漂浮在水面上，从而判断塑料的种类。

2. 如果各种样品都能漂浮在水面上，则将烧杯中的水加热至沸腾，比较塑料变软的程度。

3. 用手触摸塑料样品，判断塑料种类。

4. 用镊子夹持样品在酒精灯上燃烧，根据样品燃烧时的现象，判断是否为有毒塑料。（这项实验必须在通风橱中进行，以免中毒。）

你要记录

将你对样品的判断填入下表中

样品编号	判断结论	理由（实验现象及分析）
1		
2		
3		

1. 请对附近商场、农贸市场等卖食品的地方使用的食品袋开展调查，了解那里使用的食品袋是否为有毒的塑料制品。

2. 请在班里开展塑料袋使用量的调查，讨论白色污染问题。

你回家后

3. 请每人设计一份调查问卷，以便了解出售食品人员是否清楚塑料袋是否有毒情况。要求至少要问5个与塑料袋相关的问题。

资料卡

1. 认识塑料回收标志

从保护环境、资源的综合利用角度考虑，回收利用是我国当前消除塑料废弃物对环境污染的首要途径。

"塑料回收标志"由图形、塑料代码与对应的缩写代号组成，其中图形为带三个箭头的等边三角形。不同材料的号码位于图形中央，分别代表不同的塑料，具体表示见下表：

代码	英文缩写	举例
1	PET	矿泉水瓶、碳酸饮料瓶等
2	HDPE	盛装清洁用品、沐浴产品的塑料容器、塑料袋等
3	PVC	信用卡、保鲜膜等
4	LDPE	保鲜膜、塑料膜等
5	PP	微波炉盒、一次性餐饮具等
6	PS	发泡餐盒等
7	PC及其他	奶瓶、太空杯等

2. 认识各种塑料制品

名称	聚乙烯（高密度）	聚乙烯（低密度）	聚丙烯	聚氯乙烯	聚苯乙烯
符号	HDPE	LDPE	PP	PVC	PS
颜色	乳浊的灰白色	乳浊的灰白色	乳白半透明	呈各种鲜艳颜色	颜色鲜艳，有透明和不透明两种
特性与毒性	无毒、无味，耐腐蚀性强，柔软有弹性。在105℃以上软化；耐寒、电绝缘	性能比HDPE柔软，机械强度较低	无毒、无味，耐腐蚀、耐热、坚硬耐磨，有高抗张强度（与铁丝相近）	有毒、有强度、耐腐蚀，不加增塑剂易碎裂。加入增塑剂变软，有弹性、耐水、耐曲折	硬而脆,易破碎,无毒,易老化,易溶于丙酮、柠檬酸等有机溶液中

主要用途	食品袋、牛奶吸管、牛奶罐、肥皂盒、一次性水杯	垃圾袋、尿布外衬、玻璃纸包装薄膜制品、副食品包装等	塑料打包绳、螺钉螺母、汽车电池箱、衣架、食品箱、微波炉用饭盒	人造革、箱包、鞋类、服装、洗发液瓶、水管、电缆包皮、雨衣	纽扣、发卡、梳子、烟盒、肥皂盒、上下水管道、电工器材、牙刷柄、电视机外壳
识别方法	易燃、火焰为黄色，燃烧物如同蜡烛泪一样滴落，有石蜡气味	手触摸有细腻感、蜡质感，不能承受80℃以上的温度	手触摸润滑、无油腻感、放在水中能浮起、在沸水中不软化	多数带颜色，触摸发粘，用火烧难燃，离开火就熄灭，火焰呈绿色，有呛鼻气味	表面有光泽，敲击有金属声，比较硬

3. 塑料是用不可再生的石油资源制成，目前石油的供给已经越来越接近枯竭，浪费塑料制品实际上就是浪费石油资源。

4. 聚氯乙烯塑料软化点低（75℃），加热超过140℃即完全分解并放出氯化氢气体，即使是平时在日光照射下，也有放出氯化氢气体的倾向。它自身分解后释放出的氯化氢又是促进它更快分解的催化剂，因而在PVC中，需加入稳定剂以防止或减少这种分解倾向，稳定剂多用硬脂酸铅等。由于铅盐有毒，且使塑料变得不透明，因而PVC制品不能用于存放食品，美观性也较差。

5. 酚醛塑料和脲醛塑料的制品中残留有酚类和醛类等有毒物质，在使用过程中会析出，一旦进入人体就会造成危害。

二十、果蔬保鲜术

我们经常可以看到"新鲜到口，健康到手"的宣传广告，从科学的角度讲，我们应尽可能食用新鲜水果蔬菜以保证身体健康。但是目前许多城市家庭都是周末去超市买回一周需要的食物，买回来的新鲜水果蔬菜经常是一次吃不完，很多家庭都存在"果蔬保鲜"的问题。因此存放水果的方法值得我们研究，下面就让我们通过小实验来了解一些果蔬保鲜的妙招吧！

我们会提供

药品：硝酸盐快速分析盒、亚硝酸盐快速分析盒、活性炭、食用精盐、食醋、硝酸钾标准溶液（0.1毫克/升）、硝酸试粉。

仪器：冰箱、榨汁机。

材料：蒸馏水。

用品：水盆、水果刀、量筒、药匙、定性滤纸、大漏斗、玻璃棒、铁架台、铁圈、烧杯、比色管、试管架、刷子、试管、胶头滴管、保鲜膜、一次性塑料杯、矿泉水瓶、切菜刀、盘子等。

你怎样做？

你需要准备

西瓜、哈密瓜、青皮梨、心里美萝卜、莴笋、黄瓜等。

动手做起来

1.样品制备

清洗蔬菜水果样品后称量，榨取原汁，记录体积量；在蔬菜水果样品原汁中放入适量活性炭脱色后过滤，得无色蔬菜原汁。

2.制作硝酸盐标准色阶

在25毫升比色管中分别按下表用量加入硝酸钾标准溶液（0.1毫克/升），分别加水至25毫升。加硝酸试粉少量，然后在试管架上放15分钟，直到溶液出现粉红色的色阶。

标准色阶表如下：

试管号码	1	2	3	4	5	6	7	8	9	10	11	12
标准溶液用量（毫升）	0	0.1	0.3	0.5	0.7	1.0	1.5	2.0	3.5	6.0	10.0	15.0
硝酸盐氮含量（毫克/升）	0	0.4	1.2	2.0	2.8	4.0	6.0	8.0	14.0	24.0	40.0	60.0
硝酸盐含量（毫克/升）	0	1.8	5.3	8.9	12.4	17.7	26.6	35.4	62.0	106.3	177.2	265.8

硝酸盐含量(毫克/升) = 硝酸盐氮（毫克/升）×4.43

3.硝酸盐含量测定

取无色蔬菜原汁2毫升，放入25毫升比色管中，加水稀释至25毫升；加入适量硝酸试粉，放入试管架后15分钟，观察颜色变化；将变色后的蔬菜水果汁与标准色阶作颜色深浅度对比，判定样品中的硝酸盐含量。

4.亚硝酸盐含量的测定

取出亚硝酸盐分析盒中的小试管；分别向两个小试管中倒入澄清的汁液，直到达到刻度线(20毫升)为止；向每个小试管中分别加入显色剂1匙；充分振荡，静置5分钟；从上而下观察各自的颜色，分别与比色卡给出的标准色进行对比，记下最接近的值（毫克/升）。

5.研究实例

①采样：

表1　实验样品类别

显色剂

澄清的汁液

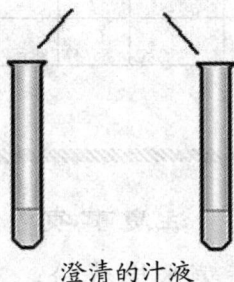

样品类别	水果		蔬菜		
	瓜	果	根菜	茎	果菜
样品名称	西瓜、哈密瓜	青皮梨	心里美萝卜	莴笋	黄瓜

②样品处理：所有样品的处理方案都是保存在4℃冰箱中冷藏，打"√"表示准备进行亚硝酸盐和硝酸盐含量测定。

表2　样品的存放方式

品种	名称 加工 贮藏	切瓣		切块		榨汁		切条腌制	
		敞开	用保鲜膜密封	敞开	用保鲜膜密封	敞口	封口	敞口	封口
水果类	西瓜	✓	✓	✓	✓	✓	✓		
	哈密瓜			✓	✓	✓	✓		
	青皮梨			✓	✓	✓	✓		
蔬菜类	黄瓜							✓	✓
	心里美							✓	✓
	莴笋							✓	✓

注意事项

将买好的蔬菜水果分份，在各种处理条件下，样品所需量均20毫升，加上脱色时的损失，估计每天每份样品需要50毫升的汁液。

表3　样品处理方法

编号	名称	方法
1	榨汁	先用水果刀将瓜瓤切成小块，塞入榨汁机的进料口，盖好进料口后，打开电源，用一次性塑料口杯接收流出的汁液。再将滤渣放入进料口，反复榨汁。收集汁液50毫升。
2	脱色	将两瓶汁液合并后倒入一次性口杯，加入1药匙活性炭，用玻璃棒搅拌。
3	过滤	用滤纸和漏斗制作一个过滤器，将脱色处理后的液体沿着玻璃棒慢慢地倒入到漏斗中，得到澄清汁液。

你要记录

1. 将对瓜果（冰箱内）亚硝酸盐含量的测定结果填入下表

西瓜在不同贮藏条件下亚硝酸盐的含量随时间的变化

贮藏方式	含量（毫克/升）／贮藏时间（天）	1	2	3	4	5	6	7
切瓣	敞开							
	保鲜膜密封							
切块	敞开							
	保鲜膜密封							
榨汁	敞口							
	加盖封口							

2. 将对蔬菜中亚硝酸盐、硝酸盐测量结果填入下表

品种	贮藏方式	含量（毫克/升）／贮藏时间（天）	1	2	3	5	7	9	11
黄瓜	切条	敞开							
		保鲜膜密封							
心里美	切条	敞开							
		保鲜膜密封							
莴笋	切条	敞口							
		加盖封口							

你会了解

亚硝胺致癌是可以控制的，经过处理后的瓜果存放时间太长易生成亚硝酸盐，对蔬菜水果的加工方式影响其中亚硝酸盐的含量，保存温度的高低影响蔬菜水果中的亚硝酸盐含量，蔬菜水果中的亚硝酸盐含量随时间变化，保鲜膜可以起到一定的保护作用，腌菜中亚硝酸盐和硝酸盐的含量较高。

你回家后

通过上网、书籍和报刊等信息来源，查阅亚硝酸盐对人体有哪些危害。

蔬菜中亚硝酸盐的来源：

施于农田的氮肥，可直接被植物吸收的主要是硝态氮和铵态氮。其中铵态氮被作物吸收后，可直接参与蛋白质的合成；而硝态氮被植物吸收后，在根部和茎、叶内，需要在酶的作用下最后变成铵态氮方可参与蛋白质的合成。

如果硝态氮进入作物体内过多或过晚就不利于蛋白质的形成，造成硝酸盐在蔬菜水果中的积累，人们吃了这种粮食或蔬菜，在体内转化为亚硝酸盐的可能性比较大。人们如果同时吃鱼或吃肉，在体内复杂的代谢过程中都将产生有机胺，亚硝酸盐再与有机胺反应即可产生强致癌物亚硝胺。

二十一、菠菜遇豆腐

中国有句老话说"菠菜豆腐保平安"，因为中国人早就发现菠菜和豆腐营养丰富、易于加工、色泽漂亮，它们深受人们的喜爱。的确，菠菜中含有人体所需要的维生素、胡萝卜、糖和蛋白质，以及草酸和铁等物质，古代阿拉伯人还将菠菜称作"菜中之王"。100克菠菜能满足机体一昼夜对维生素C的需要、两昼夜对胡萝卜素的需要。菠菜可以用来防治维生素缺乏病，并具有利尿、消炎等作用，特别适用于做病号菜。豆腐是黄豆制品，将黄豆蛋白质溶胶浸出，经凝聚处理后就成为豆腐。豆腐内含有较高的蛋白质和钙质。

但是随着科学技术的发展，如今人们对菠菜和豆腐的认识与过去不太一样，很多人都知道菠菜不可以同豆腐同食，会影响健康。到底这种说法对不对？我们希望同学们利用科学实验来验证。

我们会提供

药品：草酸钠溶液、浓硝酸、0.01摩尔/升硫氰化钾溶液、浓硫氰化钾溶液、浓铁氰化钾溶液、三氯化铁溶液、盐酸、饱和氯化钙溶液。

仪器：托盘天平。

用品：烧杯、量筒、玻璃棒、滤纸、漏斗、漏斗架、试管若干支、酒精灯、试管夹、精密pH试纸（5.4～7.0）、白布等。

你需要准备

样品：豆腐、菠菜、蒸馏水。

动手做起来

1. 研究菠菜和豆腐的pH值

①取200克豆腐放入烧杯中，加入20毫升蒸馏水搅拌并捣碎。

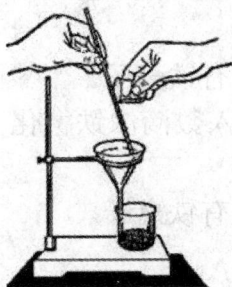

②用有滤纸的漏斗过滤，得到无色澄清的滤液及白色滤渣备用。

③用5.4～7的精密pH试纸，测试滤液的pH值。

④取200克菠菜，洗净并在沸水中浸泡、取出，用白布把菠菜包起来，挤汁到500毫升烧杯中。

⑤在有滤纸的漏斗中再过滤一次，得浅棕褐色菠菜汁。

⑥用5.4～7的精密pH试纸，测菠菜汁的pH值。

2. 检验豆腐中的钙质

①取豆腐滤液2毫升到试管中，滴入浓草酸钠溶液数滴。

②观察试管中是否出现明显的白色沉淀，如果出现，说明豆腐中有丰富的钙质。

3. 检验豆腐中的蛋白质

①取少许白色豆腐滤渣放入试管中，滴入几滴浓硝酸，然后加热。

②观察白色的豆腐滤渣是否变成黄色，如果变色说明豆腐中含有蛋白质。

③取豆腐滤液少许放入试管中，滴入几滴浓硝酸，然后加热。

④观察豆腐滤液的颜色变化，是否与上面实验现象相同。

4. 检验菠菜中的草酸根离子（$C_2O_4^{2-}$）

①取菠菜汁2毫升于试管中，在试管中滴加无色饱和氯化钙溶液，边滴边振荡试管。

②观察溶液颜色变化，如果出现白色浑浊说明菠菜汁中含有草酸根离子。

5. 检验菠菜中的铁质

①取菠菜汁2毫升放入试管中，在试管中滴加数滴无色硫氰化钾（KSCN）浓溶液。

②观察溶液颜色，如果显红色说明菠菜中含有铁离子。

③取2毫升菠菜汁放入试管中，在试管中加入数滴浓铁氰化钾溶液。

④观察溶液颜色，如果显红色说明菠菜中含有铁离子。

6. 模拟菠菜烧豆腐的试验

①取豆腐滤液2毫升于试管，往其中滴加几滴菠菜汁。

②观察原先澄清的豆腐滤液是否变成白色浑浊状，如果看到，说明生成白色的草酸钙沉淀。

③在以上白色浑浊液中，加入浓硫氰化钾溶液和浓铁氰化钾溶液，观察是否出现血红色或者深蓝色，并记录下来。

7. 模拟菠菜在人胃酸中的试验

菠菜汁的pH值为6.5，显弱酸性，那么以上形成的牢固稳定的螯合络离子，能否稳定在pH值为0.9～1.5的强酸性的人胃酸中？

①在两个试管中各注入2毫升菠菜汁，然后分别滴加几滴盐酸溶液，用0.5～5的精密pH试纸测试，使溶液的pH值为0.5（此pH值的数值已超过胃酸的酸度）。

②在两个试管中分别滴加浓硫氰化钾溶液及浓铁氰化钾溶液数滴，结果是否出现血红色或者深蓝色？能否说明菠菜中草酸根离子与铁离子形成的螯合络离子在强酸性溶液中也是稳定的？

注意事项

1.实验中所用的菠菜和豆腐必须新鲜，菠菜要剔除黄叶，豆腐不能发酸。

2.菠菜在沸水浸泡的时间不要太长。另外，挤出的菠菜汁和过滤后的豆腐滤液、豆腐滤渣易变质，不能久放。

你要记录

相关试验现象及参考结果

编号	试验名称	试验现象	试验结果
1	菠菜汁pH值		
	豆腐滤液pH值		
2	检验豆腐中的钙质		
3	检验豆腐中的蛋白质		
4	检验菠菜中的草酸根		
5	检验菠菜汁中的铁质		
6	模拟菠菜烧豆腐的试验		
7	模拟菠菜在人胃酸中的试验		

你会了解

实验原理：在试管中加入2毫升$FeCl_3$稀溶液，再滴加0.01摩尔/升硫氰化钾溶液一滴，试管中浅棕黄色的铁盐溶液立刻变成了血红色。但在此溶液中滴加数滴草酸钠或草酸的浓溶液时，血红色便完全消失了。这是因为$[Fe(SCN)]^{2+}$络离子电离出来的Fe^{3+}离子与草酸根离子形成了稳定的无色可溶性的螯合络离子$[Fe(C_2O_4)_3]^{3-}$之故。

根据化学特征反应，我们可以用草酸钠溶液检测出豆腐中的钙离子，用黄蛋白反应，检测出豆腐中的蛋白质。

由于菠菜中的铁离子与草酸形成十分稳定的螯合络离子，致使我们检测不出铁离子的存在。

当菠菜与豆腐共煮时，菠菜中的草酸与豆腐中的钙质会起反应，生成不溶于水的草酸钙沉淀。

根据你的实验结果，你能得出的结论是_____

_____

上述实验说明菠菜烧豆腐的结果产生了一定量的草酸钙沉淀，妨碍了豆腐中的钙质的吸收。我们可以向家人建议菠菜与豆腐不要在一起烧。

菠菜中含有草酸，能与食物中的钙反应生成人体难以吸收的草酸钙沉淀，而儿童正在长骨骼时，非常需要钙质，可以建议家长要正确看待菠菜。

你回家后

1. 婴儿与菠菜：宝宝贫血多数是缺铁性贫血，原因是营养不平衡、胃肠功能障碍或造血物质相对缺乏。有的父母知道菠菜中的含铁量比较高，就用菠菜给宝宝煮水喝。其实这样做是不科学的。因为，虽然菠菜中含铁量较高，但其所含的铁很难被小肠吸收，而且菠菜中还含有一种叫草酸的物质，很容易与铁作用形成沉淀，使铁不能被人体所利用，从而失去治疗贫血的作用。同时，菠菜中的草酸还易与钙结合成不易溶解的草酸钙，影响宝宝对钙质的吸收。可见，婴儿期的宝宝常吃菠菜，不但达不到补血的目的，还会影响宝宝的生长发育。

2. 草酸与草酸盐结石：草酸盐结石由尿液中草酸盐形成。尿液中的草酸盐可以从食物中生成，部分可由内生机制所生成。平日营养摄入不合理会形成草酸盐结石。防治草酸结石，患者应禁食含草酸高的蔬菜。很多涩味大的叶类蔬菜，草酸含量比较高，如每100克圆叶菠菜含草酸超过300毫克，每100克小白菜含草酸691毫克，绿苋菜含量为1142毫克。茭白、葱、青蒜和笋类含草酸也较高。此外服用大剂量维生素C也可促草酸生成。减少菜类的草酸量，可以把菜冲洗后，切碎放入沸水中浸几分钟，再在清水里泡一下，然后用于烹调。这样操作可以除掉菜内65%～75%的草酸。

资料卡

二十二、相克固体食物对对碰

食物是我们赖以营养身体，延续生命的物质，我们生存需要各种各样的食物。但是不知道同学们是否听过人们常说：有些食物可同时食用，有些食物同时食用会影响身体健康。例如在《饮膳正要》写道："柿梨不可与蟹同食。"《本草纲目》："蟹不可同柿及荆芥食，发霍乱，动风。"看来古人也已经发现相克食品问题。"食物相克"即是指食物之间存在的相互制约关系和食物搭配不当引起的不良反应。

我们对于古代医学遗产和群众中长期流传的说法，既不可全否认也不可人云亦云，必须通过科学的分析实验和反复的生活实践，才能做正确的结论。本次活动我们要对相克的食品问题开展研究，要开始重视食物之间的一些禁忌。

我们会提供

药品：活性炭。

仪器：托盘天平、榨汁机。

用品：酒精灯、三脚架、试管、试管夹、烧杯、量筒、试管架、砝码、玻璃棒、漏斗、滤纸、火柴、温度计等。

材料：蒸馏水。

你需要准备

含蛋白质较多的食物样品：白薯、黄豆、鸡蛋。

含有机酸的食物样品：柿子、苹果、梨、橘子、西梅、葡萄、猕猴桃。

动手做起来

1. 制备食物样品液

①制备蔬菜水果样品：将柿子、苹果、梨、橘子、西梅、葡萄、猕猴桃、白薯洗净、去皮，切成小块；分别取各种食品4克放入榨汁机中搅拌；在已经榨好的食物汁中分别加入40毫升的水，过滤留滤液备用。

②制备黄豆汁：将黄豆浸泡，压榨出汁液准备过滤；过滤黄豆汁之前要在汁中加入活性炭混合，以便过滤出滤清的液体。

③制备蛋白稀释液：取一个鸡蛋，用镊子在一端轻轻敲破一小块蛋壳，用吸管从蛋壳的破孔处吸取4毫升蛋白液滴入小烧杯中；向小烧杯中加入40毫升水，搅拌均匀，加以稀释。再通过滤纸过滤澄清。

2. 试验蛋白质与有机酸的反应

根据鞣酸与蛋白质相遇形成鞣酸蛋白沉淀的原理，我们选用一些含蛋白质较多和含有有机酸的食物分别混合，看是否有沉淀生成。

试管序号	蛋白质来源	体积（毫升）	有机酸来源	体积（毫升）
1	白薯		苹果、梨、橘子、西梅、葡萄、猕猴桃、柿子	
2	鸡蛋清	2		2
3	黄豆			

你要记录

将含有蛋白质的食物与含有有机酸的水果分别混合，在有沉淀产生的空格中画"√"

有机酸 \ 蛋白质	白薯	黄豆	鸡蛋清
柿子			
苹果			
梨			
橘子			
西梅			
葡萄			
猕猴桃			

你会了解

1. 通过实验，你发现白薯与_____混合后产生了沉淀？

2. 通过实验，你发现黄豆与_____混合后产生了沉淀？

3. 通过实验，你发现鸡蛋清与_____混合后产生了沉淀？

4. 蛋白质和鞣酸的含量都较多的食物混合，沉淀是否更明显？

向家长宣传自己的研究结果。并查阅资料，了解我们经常使用的药品之间是否也有相克问题。

你回家后

1.富含有机酸的食物：

编号	食物名称	含有的有机酸名称
1	柿子	鞣酸
2	苹果	苹果酸、酒石酸、枸橼酸等
3	醋	乳酸、琥珀酸、柠檬酸、葡萄酸、苹果酸等
4	桔子	苹果酸，枸橼酸、柠檬酸
5	梨	柠檬酸、苹果酸
6	西梅	琥珀酸、枸橼酸、苹果酸
7	猕猴桃	鞣酸、柠檬酸

资料卡

2.富含蛋白质的物质：

编号	1	2	3	4
食物名称	黄豆	蛋清	绿茶	味精
蛋白质含量（%）	40	16	34.2	40.1

二十三、相克液体食物连连看

饮品在现代人的日常生活中扮演着不可缺少的角色，悠闲时喝点儿茶，睡前喝点儿牛奶，疲劳时小酌一瓶休闲饮料……形形色色、种类丰富的液体饮品使我们的生活也多彩和可爱起来。但是不知道同学们是否听说过，液体食物之间不当的混合食用也会带来很多危害。很多同学都喜欢喝一杯热牛奶，既能安神、让我们睡个好觉，又有很高的营养、让我们长高个子。但是，如果在喝牛奶前喝过橙汁或其他水果饮料的话，牛奶的神奇功效可能会都消失哦。

在上节内容里了解了固体食物之间的相克问题之后，本次活动我们要对相克的液体食品问题开展研究，希望大家开始重视液体食物之间的一些禁忌。

我们会提供

药品：盐酸（1摩尔/升）、氢氧化钠（1摩尔/升）、蒸馏水、活性炭。

仪器：天平、榨汁机。

用品：酒精灯、三脚架、试管、试管夹、烧杯、量筒、试管架、砝码、玻璃棒、漏斗、滤纸、火柴、温度计等。

你怎样做？

你需要准备

含蛋白质较多的食物样品：牛奶（买来的袋装）、绿茶。

含有机酸的食物样品：白醋（超市里可以买到）、橙汁、西瓜汁、柠檬汁。

动手做起来

1. 制备液体饮品样品

①取绿茶20克放入1只烧杯中，在其中加入20毫升蒸馏水；将烧杯放在三脚架上加热，并用玻璃棒搅拌，再通过滤纸过滤澄清。

②制备果汁样品：将柿子、苹果、梨、橘子、西梅、葡萄、猕猴桃、白薯洗净、去皮，切成小块；分别取各种食品40克放入榨汁机中搅拌；在已经榨好的食物汁中分别加入40毫升的水，过滤留滤液备用。

2. 试验蛋白质与有机酸的反应

根据鞣酸与蛋白质相遇形成鞣酸蛋白沉淀的原理，我们选用一些含蛋白质较多和含有有机酸的饮品分别混合，看是否有沉淀生成。

试管序号	蛋白质来源	体积（毫升）	有机酸来源	体积（毫升）
1	牛奶	2	白醋、橙汁、西瓜汁、柠檬汁	2
2	绿茶			

3. 试验酸碱液体对食品沉淀物的影响

向有沉淀的试管中，分别加入盐酸，观察现象；分别在各试管中加入氢氧化钠，观察现象。

4. 试验温度对食品沉淀物的影响

将试管分别放入盛有36℃、60℃热水的大烧杯中，观察现象；然后分别在各试管中加入氢氧化钠，观察现象。

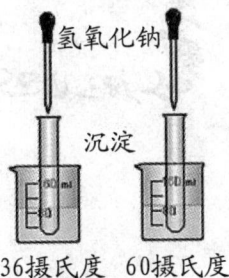

氢氧化钠

沉淀

36摄氏度　　60摄氏度

你要记录

含有蛋白质的食物与含有有机酸的水果分别混合

蛋白质 有机酸	牛奶	绿茶
白醋		
橙汁		
西瓜汁		
柠檬汁		

你会了解

1. 向形成沉淀的试管中加入盐酸，沉淀_____。
2. 给试管中的沉淀物加温，温度越高，沉淀_____。
3. 绿茶和含有有机酸的食物能同时吃吗？_____。
4. 食用了相克的食物后喝热水能缓解腹痛吗？_____。
5. 我们试验中的沉淀物可能还含有什么？_____。

查阅资料或者进行一个小调查，了解人们在日常生活中都有哪些情况会发生物质相克或促进的现象。

你回家后

资料卡

食物相克参考资料：

编号	食物甲	食物乙	相克原因及不良现象
1	猪肉	豆类	引起腹胀、滞气
2	羊肉	荞麦面	热寒相反
3	鸡蛋	豆浆	影响蛋白质吸收
4	兔肉	橘子	导致腹泻
5	狗肉	大蒜	刺激胃粘膜
6	鲤鱼	咸菜	容易致癌
7	萝卜	橘子	诱发甲状腺肿
8	大葱	枣	脾胃不合
9	芹菜、辣椒	黄瓜	破坏维生素C
10	菠菜	豆腐	影响钙的吸收
11	河虾	西红柿	食物中毒
12	韭菜	酒	肠胃疾病
13	花生	黄瓜	导致腹泻
14	胡萝卜	白萝卜	破坏维生素C
15	蜂蜜	豆腐	导致腹泻
16	山楂	海味	引起便秘
17	茶	酒	损害肾脏
18	啤酒	烟熏食品	易得癌症
19	南瓜	羊肉	胸闷腹胀
20	柿子	白薯	形成结石